Dr. med. vet. Markus Eickhoff
Das Katzenzahnbuch

Dr. Markus Eickhoff

*28.9.1966

- Ist verheiratet, hat eine Tochter und einen Hund und eine Katze.
- Ist approbierter Tierarzt und approbierter (Human-) Zahnarzt.
- Betreibt eine tierärztliche Fachpraxis für Zahn-, Mund- und Kieferheilkunde in Weissach bei Stuttgart.
- Hält seit vielen Jahren Vorträge und Fortbildungsseminare zur Tierzahnheilkunde für Tierärzte sowie Vorträge für Züchter und Tierbesitzer.
- Ist Autor eines Fachbuchs für Tierärzte mit dem Titel »Zahn-, Mund- und Kieferheilkunde bei Klein- und Heimtieren«, welches im Enke Verlag erschienen ist.
- Ist Autor eines Sachbuchs für Hundebesitzer mit dem Titel »Das Hundezahnbuch«, welches bei Parey erschienen ist.
- www.vet-dent.com

Dr. med. vet. Markus Eickhoff

Das Katzenzahnbuch

- Probleme erkennen
- Richtig vorbeugen
- Schmerzen vermeiden

Parey

Inhalt

MASSNAHMEN ZUR VORBEUGUNG VON ZAHNERKRANKUNGEN BEI DER KATZE

ANHANG

Liebe Leserin, lieber Leser,

Eine Katze gehört nicht zu den Tieren, die Erkrankungen für alle sichtbar nach außen tragen. Eher nimmt sie sich etwas zurück, verkriecht sich häufiger und ist nicht mehr ganz so schmusig wie sonst. Daher werden viele, auch schmerzhafte Erkrankungen über lange Zeit ertragen, ohne dass sie für den Katzenbesitzer auffällig werden. Erst recht gilt dies für Erkrankungen der Mundhöhle, die von jeher bei der Katze nicht so zugänglich ist. Hat sich dort erst einmal eine Erkrankung etabliert, ist es noch schwieriger, diese zu entdecken, was nicht zuletzt an der zunehmenden Abwehrbereitschaft der Katze aufgrund der besonderen Schmerzhaftigkeit liegt. Erkrankungen der Mundhöhle bleiben somit noch länger unentdeckt.

Und Probleme in der Mundhöhle stellen keinen Einzelfall dar. Die Mundhöhle ist bei Katzen aller Altersstufen die häufigste Lokalisation für Erkrankungen überhaupt. Zahn-, Mund- und Kiefererkrankungen sind also nicht erst bei der alten Katze oder dem alten Kater zu finden; auch junge Tiere weisen oft behandlungsbedürftige orale Krankheiten auf.

Eine aus der Mundhöhle übel riechende Katze zeigt bereits ein deutliches Symptom für eine Erkrankung der Zähne. Im engeren Sinne sind es besonders Parodontalerkrankungen, von denen die Katze betroffen ist. Daneben haben aber auch Zahnfrakturen und Auflösungsprozesse an Zähnen einen besonderen Stellenwert, vor allem wenn es um die Schmerzhaftigkeit von Erkrankungen geht. Schwierig in der Herangehensweise sind Entzündungen des Rachens, die bei vielen Katzen bis hin zur Verweigerung der Futteraufnahme führen können. Im höheren Alter werden zunehmend bösartige Mundhöhlentumoren beobachtet, die bei Katzen leider schnell fortschreiten und häufig erst in einem Stadium bemerkt werden, in dem eine Heilung nicht mehr möglich ist.

Dieser Ratgeber zeigt, wie das Katzengebiss aufgebaut ist, gibt einen Überblick über die häufigsten Zahnerkrankungen der Katze und erläutert ausführlich alle Maßnahmen zur Zahnpflege und Vorbeugung. Das Wissen um mögliche Erkrankungen und deren Symptome soll dem Katzenbesitzer helfen, Zahn-, Mund- und Kiefererkrankungen frühzeitig zu erkennen und sie einer gezielten Behandlung zuzuführen und damit einen langen und schmerzhaften Leidensweg des Tieres zu vermeiden. Durch die erfolgreiche Therapie einer bei der Katze meist chronischen Zahnerkrankung lassen sich auch die Folgen vermeiden, die über eine Schädigung von Herz, Leber und Nieren die Allgemeingesundheit des Tieres beeinträchtigen. Die richtige Zahnpflege kann zudem dazu beitragen, Erkrankungen der Mundhöhle bereits im Ansatz zu verhüten.

Mein roter Kater Clarence, der auf den Bildern zwischen den Kapiteln immer mal wieder auftaucht, ist nicht unerheblich an der Entstehung dieses Buches beteiligt. Auf S. 72 und 73 ist die Ausgangssituation von Clarence zu sehen, die sein Allgemeinbefinden massiv beeinträchtigte. Es macht zufrieden zu sehen, wie gut es ihm nach Behandlung und Abheilung des Krankheitsgeschehens heute geht (s. Bilder zwischen den Kapiteln).

Weissach im August 2009

Markus Eickhoff

Katzenkiefer und Katzengebiss

Schädel, Kiefer und Gebiss

Die Katze als Fleischfresser (Karnivor) weist im Gebiss auch als Hauskatze noch alle Merkmale ihrer wilden Vorfahren und Verwandten auf, die zum Überleben notwendig sind. Und Überleben ist etwas weiter zu fassen als lediglich das Zerkleinern von Futter. Die Katze verteidigt sich mit den Zähnen, kommuniziert durch Zeigen der Zähne oder trägt Dinge mit den Zähnen, sie schmeckt mit der Zunge geeignete oder auch weniger geeignete Substanzen und reinigt mit der Zunge ihr Fell. Gebiss und Zahnform tragen diesen Anforderungen Rechnung.

Der Unterkiefer ist über das Kiefergelenk beweglich am Schädel befestigt.

▼ Katzenschädel seitlich. Der Unterkiefer ist im Kiefergelenkbereich gelenkig am Schädel gelagert (weißer Pfeil). Man beachte die anatomische Nähe der Zähne zur Augen- und Nasenhöhle.

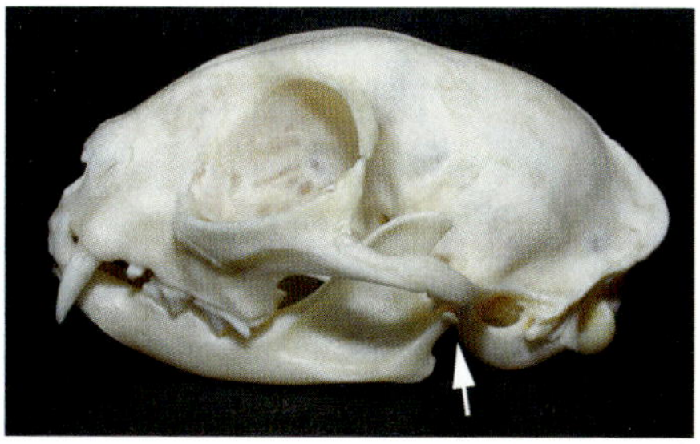

Das Kiefergelenk ist sehr eng und straff und funktioniert bei der Katze als reines Scharniergelenk ohne die Möglichkeit zu Vorwärts-, Rückwärts- oder auch Seitwärtsbewegungen. Diese Scharnierbewegung ist allein auf das Zerteilen von Futter ausgelegt, nicht

▼ Katzenschädel frontal. An den prominenten Fortsätzen des Unterkiefers (Processus coronoidei, weiße Pfeile) sind die Muskeln zum Kieferschluss befestigt, welche die größte Muskelmasse am Schädel darstellen. Das Kiefergelenk der Katze funktioniert als reines Scharniergelenk, Seitwärtsbewegungen des Unterkiefers sind nur in ganz geringem Maße möglich.

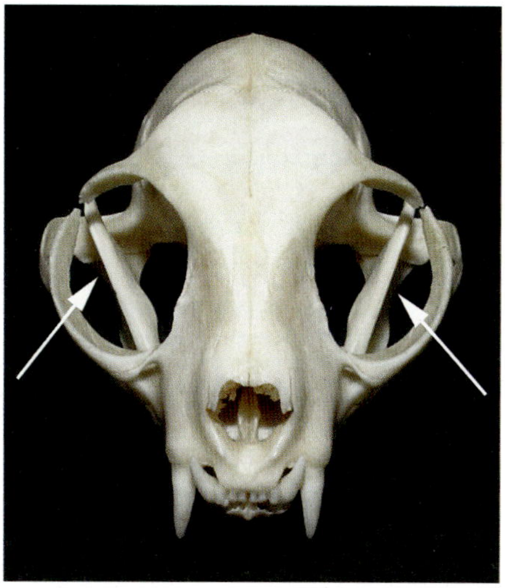

auf das Mahlen oder Zerreiben. Durch kräftige Kieferschließer wird die Zerteilfunktion optimiert. Der Gehirnschädel ist im Gegensatz zum Gesichtsschädel vergleichsweise klein.

Trotz vieler unterschiedlicher Katzenrassen ist die Ausformung der Kiefer sowie die Anzahl und Form der Zähne relativ uniform. Lediglich sehr kurznasige Rassen (zum Beispiel Perserkatze) zeigen mitunter eine Kieferenge aufgrund eingeschränkter Platzverhältnisse.

Legt man den mesozephalen Schädeltyp (zum Beispiel Europäische Kurzhaarkatze) mit ausgewogenem Längen- und Breitenverhältnis als »Normaltyp« zugrunde, so ist hiervon der dolichozephale Typ (zum Beispiel Siamkatze) mit langem Gesichtsschädel und der brachyzephale Typ mit kurzem Gesichtsschädel (zum Beispiel Perserkatze) zu unterscheiden. Aufgrund der Größe der Kiefer ergeben sich auch Modifikationen im Bau der Zahnreihe, die aber, wie schon angesprochen, bei der Katze relativ moderat ausfallen.

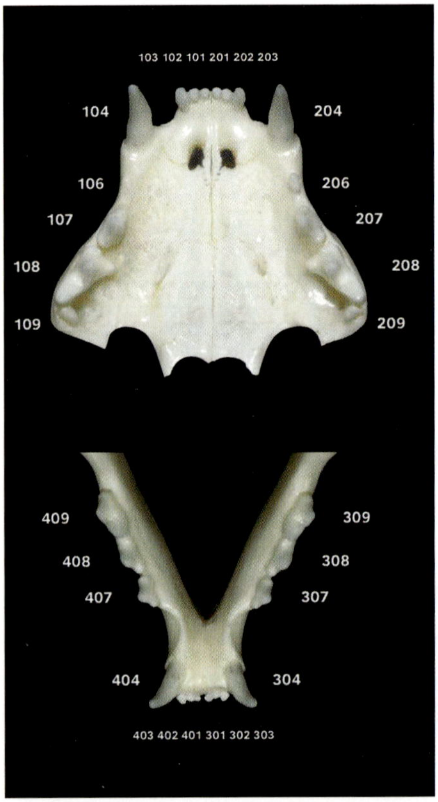

▲ Aufsicht auf die Zahnreihen von Ober- und Unterkiefer. Zur eindeutigen Identifizierung hat jeder Zahn des Katzengebisses seine eigene Kennzeichnung, die sich aus drei Ziffern ergibt. Die erste Ziffer beschreibt den Kieferquadranten, die zweite und dritte Ziffer die Stellung des Zahnes im Gebiss, ausgehend von der Mittellinie. Lücken in der Aufeinanderfolge ergeben sich aufgrund der im Vergleich zu anderen Spezies reduzierten Zahnzahl der Katze.

Der Unterkiefer besteht aus einem rechten und linken Unterkieferknochen (Mandibula), die in der Mittellinie des Frontzahnbereichs miteinander verbunden sind. Anders als bei uns Menschen verknöchert dieser Bereich jedoch nicht, sondern bleibt fasrig miteinander verbunden und weist daher eine geringgradige Beweglichkeit auf.

An der Bildung des Oberkiefers sind mehrere Knochen beteiligt: das paarige Oberkieferbein (Maxilla), Gaumenbein (Os palatum) und Zwischenkieferbein (Os incisivum). Die Knochen sind über Knochennähte (Suturen) miteinander verwachsen.

Der Bereich des Kiefers, der die Zähne beherbergt, wird als Alveolarknochen bezeichnet, die Knochenfächer für die Zähne als Alveolen.

Für Empfindungen beziehungsweise die Sensibilität der Kiefer und des gesamten Gesichtsbereichs ist der fünfte Gehirnnerv (Nervus trigeminus) verantwortlich, der zusätzlich auch die Bewegung der Kaumuskulatur steuert. Die übrige Gesichtsmuskulatur dagegen wird motorisch vom siebten Gehirnnerv (Nervus facialis) versorgt.

Gefäße und Nerven erreichen ihre Zielgebiete über Austrittslöcher am Schädel. Ein wichtiger Gefäß- und Nervast für den Oberkiefer tritt am Foramen suborbitale unterhalb der Begrenzung der Augenhöhle aus. Die Hauptversorgung des Unterkiefers tritt kiefergelenksnah an der Innenfläche des Unterkiefers in den Knochen ein, um in einem großen Kanal (Mandibularkanal) die Versorgung der Unterkieferzähne sicherzustellen.

Das Gebiss der Katze ist anders als bei uns Menschen rein auf das Zerteilen von Futter- respektive Beutebrocken ausgerichtet (Sekodontie), ohne die Möglichkeit des Zerreibens oder des Mahlens von Futterpartikeln. Daher weisen die Zähne auch keine breite Kaufläche auf, sondern sind bis in den Backenzahnbereich spitz, um auch dort mittels Scherenwirkung der aneinander vorbeigleitenden Zähne beim Kieferschluss die Beute zu zerkleinern. Da das Zerteilen mit einer reinen Auf-und-zu-Bewegung möglich ist, ist auch das Kiefergelenk auf diese Bewegung spezialisiert. Das Kiefergelenksköpfchen kann in seiner Gelenkpfanne lediglich eine reine Scharnierbewegung durchführen. Daher ist das Kiefergelenk sehr eng und wird durch prominente Knochenvorsprünge stabilisiert.

Zur Optimierung des Zerteilvorgangs wird der Unterkiefer durch kräftige Kaumuskeln unterstützt. Als Mundschließer fungieren der Musculus temporalis, der an der seitlichen Schädeldecke entspringt und einen Knochenvorsprung des Unterkiefers (Processus coronoideus mandibulae) gegen den Schädel zieht, sowie der Musculus pterygoideus medialis und der Musculus masseter. Die beiden Letzteren arbeiten als Muskelschlinge, um den hinteren Anteil des Unterkiefers in Richtung Jochbogen zu ziehen. Die Mundöffner der Katze dagegen sind wenig ausgeprägt.

Entwicklung und Aufbau der Zähne

Entwicklung der Zähne

Die Zähne der Katze entstehen vor Ort, das heißt geschützt im Kiefer im Bereich ihres späteren Platzes in der Zahnreihe. Zunächst müssen jedoch viele der für die Zahnentwicklung verantwortlichen Zellen aus weit entfernten Regionen in den Kieferbereich einwandern, da sich die Zähne aus unterschiedlichen embryonalen Ursprungsgeweben zusammensetzen.

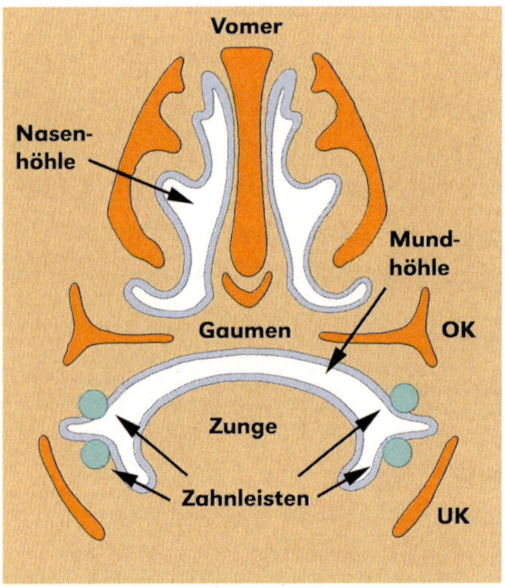

▲ Entstehung der Zahnleisten. Bevor die Zähne selbst entstehen, sind Veränderungen und Wanderungsprozesse von einzelnen Gewebestrukturen notwendig. Aus der Mundhöhle kommt es zum Absenken von Schleimhautoberflächenzellen in tiefere Gewebe. Dort treffen sie auf Zellen, die aus anderen Regionen eingewandert sind und ebenfalls bereits Informationen zur Zahnentstehung enthalten.

Der Beginn der Zahnentwicklung kann ungefähr auf den 25. Tag der Embryonalentwicklung datiert werden. Zu diesem Zeitpunkt senkt sich die Oberflächenauskleidung der primitiven Mundhöhle in tiefer gelegenes Gewebe ab und bildet die sogenannte Zahnleiste. Im Kieferknochen trifft dieses Oberflächenepithel auf aus anderen Regionen eingewanderte spezialisierte Zellen. Das Aufeinanderliegen dieser Zellen führt zu deren gegenseitiger Aktivierung, was letztlich in der Produktion von Zahnhartsubstanz mündet.

Von besonderer Bedeutung bei der Entwicklung der Zahnhartsubstanzen Schmelz und Dentin sind die Ameloblasten (Schmelzbildner) und die Odontoblasten (Dentinbildner). Sie beginnen ihre Produktion im Bereich der Zahnspitze und sondern die zu diesem Zeitpunkt noch weichen Zahnhartsubstanzen ab, wobei sich Ameloblasten und

Info

Stadien der Zahnentwicklung

Man unterscheidet drei Stadien: Aus einem kleinen Oberflächenzellhaufen an der Zahnleiste (Knospenstadium) entwickelt sich durch Einstülpung von bindegewebigen Zellen rasch eine kappenartige Struktur (Kappenstadium), die sich durch weitere Fortentwicklung zu einer Glocke umformiert (Glockenstadium). Bereits im Glockenstadium lässt sich die spätere Form der Zahnkrone erkennen.

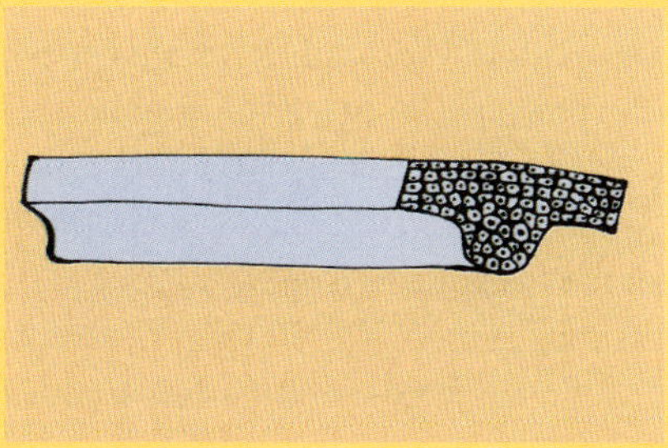

▲ a) Verdickung der Schleimhautoberflächenzellen (Epithelzellen) in der Mundhöhle als Vorläufer der Zahnleiste, in welcher die Zähne entstehen.

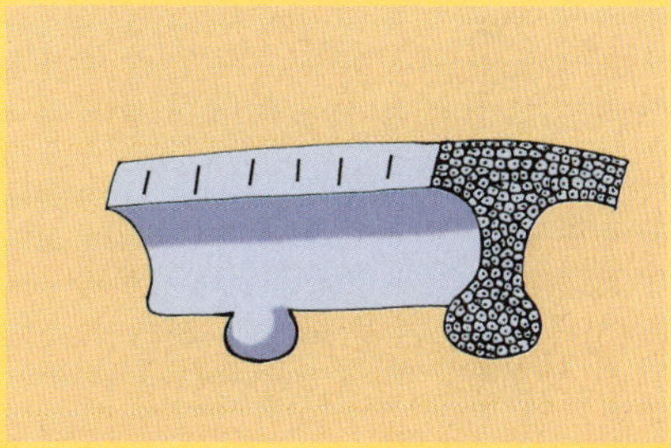

▲ b) Knospenstadium. An der Epithelleiste entstehen knospenartige Verdickungen.

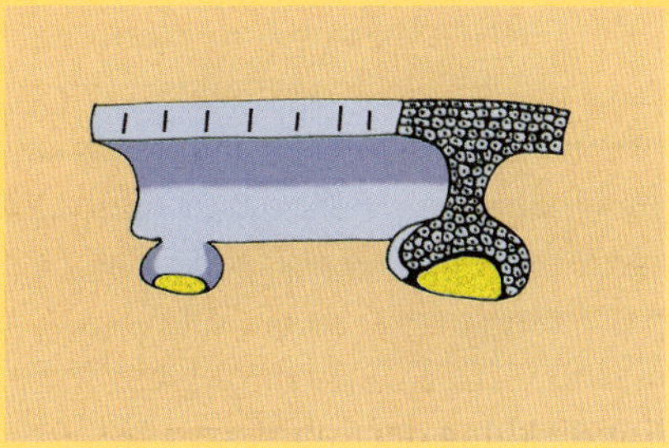

▲ c) Kappenstadium. Im Laufe der Entwicklung kommt es zur Einstülpung der Knospe hin zu einer Kappe. In dieser Vertiefung liegen spezialisierte Bindegewebszellen, die in die Kieferbereiche eigens zur Zahnbildung eingewandert sind.

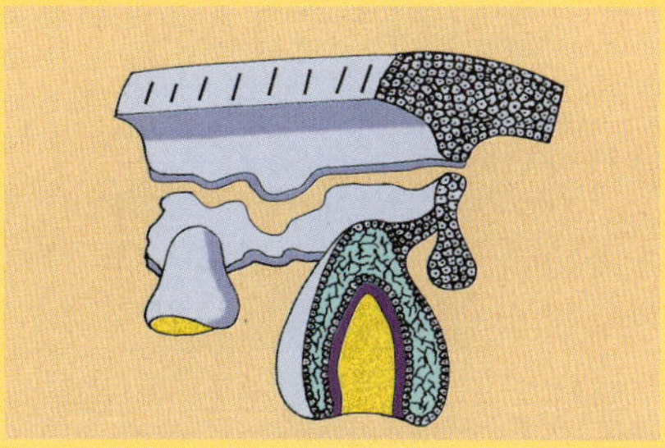

▲ d) Glockenstadium und ausgebildeter Zahnkeim. Die Einstülpung in die Epithelzellschichten wird immer tiefer und erinnert an eine Glocke. Letztlich sieht man den komplettierten Zahnkeim, bei dem die Kronenform bereits erkennbar ist.

Odontoblasten immer weiter voneinander entfernen. Schmelz und Dentin kommen somit zwischen den produzierenden Zellreihen zu liegen. Erst nach Abgabe der Vorstufen von Schmelz und Dentin kommt die »Reifung« in Gang, die zu den harten und widerstandsfähigen Strukturen des Zahnes führt.

Für die Zahnkrone, also den Anteil des Zahnes, der später in der Mundhöhle sichtbar ist, wird bereits im Kiefer eine vollständige Schmelzschicht geschaffen, die das Kronendentin vollständig umgibt. Ähnlich wie der Schmelz das Dentin der Zahnkrone bedeckt, wird das Wurzeldentin vom Wurzelzement bedeckt, das von sogenannten Zementoblasten produziert wird. Die Wurzelentwicklung folgt der Entwicklung der Zahnkrone und ist auch mit Durchbruch des Zahnes noch nicht abgeschlossen. Sie endet je nach Durchbruchszeitpunkt und Dauer des Hochwachsens des jeweiligen Zahnes (Schneidezahn, Eckzahn oder Backenzahn) zu unterschiedlichen Zeiten in der zweiten Hälfte des ersten Lebensjahres. Während die schmelzbildenden Zellen mit Durchbruch der Zahnkrone verloren gehen, bleiben Dentin und Zement regenerationsfähig, da die produzierenden Zellen lebenslang erhalten werden. Die Odontoblasten liegen geschützt in der Pulpakammer (»Nervhöhle«) der inneren Dentinwandung an, die Zementoblasten liegen im Zement geschützt im Zahnfach.

Die Form der Pulpakammer, des empfindlichen Inneren des Zahnes, ähnelt der äußeren Form des Zahnes. Nach Schluss der Wurzelspitze liegt sie abgeschlossen im Inneren des Zahnes. Gefäße und Nerven finden über die Wurzelspitze in den Zahn hinein und wieder heraus und erhalten die Vitalität des Zahnes und auch seine häufig leidvoll erlebte Sensibilität. Die Katze hat nicht einen großen Hauptkanal für den Ein- und Austritt der versorgenden Strukturen, sondern ein sogenanntes apikales Delta. Ähnlich einem Flussdelta verzweigen sich die Gefäße, Nerven etc. und treten über viele kleine Kanäle aus dem Zahn.

Die Zahnentwicklung läuft bei Milchzähnen (dezidualen Zähnen) und bleibenden (permanenten) Zähnen in der gleichen Art und Weise ab, lediglich die Wachstumsphasen sind zeitverschoben. Die Kronen der Milchzähne sind bereits mit dem 20. Lebenstag ausgereift, die Kronen der bleibenden Zähne mit dem 120. Lebenstag. Ab dem 90. Lebenstag lässt sich die Anlage aller Zähne röntgenologisch nachweisen.

Zahnaufbau

Schmelz

Der Schmelz ist die äußere Schicht des Zahnes und bei der Katze nur sehr dünn ausgebildet. Der Schmelz des Menschen ist um ein Mehrfaches dicker, was letztlich auch Ausprägung der unterschiedlichen Anforderungen ist. Die recht langen und dünnen Zähne der Katze müssen bei der Schließbewegung der Kiefer beim Zerteilen von Futter eine gewisse Flexibilität mitbringen, um bei den entstehenden Kräften nicht abzubrechen. Demzufolge weist die Katze einen im Vergleich zum Schmelz deutlich stärker entwickelten Dentinkörper auf, der »flexibler« auf diese Kräfte reagieren kann. Schmelz besteht zu 95 Prozent aus mineralischer Substanz, sodass mehr von einem kristallinen Gefüge gesprochen werden sollte als von wirklichem Gewebe. Durch seinen hohen Mineralanteil (Hydroxylapatit) und seinen kristallinen Aufbau ist der Schmelz die härteste Substanz des Körpers und viermal so hart wie Dentin. Die in Schichten erfolgende Produktion und Ausreifung zeigt sich in Wachstumslinien (Retziusstreifen), ähnlich den Wachstumsringen eines Baumes.

Die Schmelzproduktion endet definitiv mit Durchbruch des Zahnes in die Mundhöhle, da zu diesem Zeitpunkt die Ameloblasten als Schmelzbildner verloren gehen. Anfänglich werden sie in umgewandelter Form zum Zahnfleischverschluss am Zahn genutzt.

Dentin

Dentin besteht noch zu 70 Prozent aus mineralischer Substanz, weist daneben aber mit 20 Prozent auch einen großen

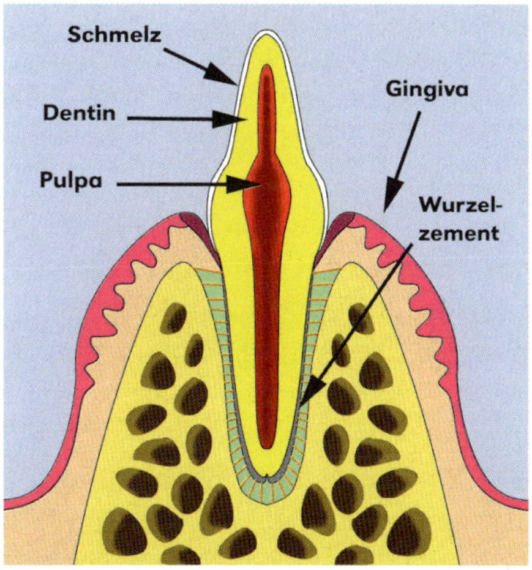

▲ Mit Entwicklung der Zahnwurzel bricht der Zahn in die Mundhöhle durch und sucht sich seinen Platz in der Zahnreihe. Man unterteilt den Zahn in Zahnkrone und Zahnwurzel. Der Zahn ist mit Fasern im Kieferknochen aufgehängt. In der Mundhöhle sichtbar ist allein die Zahnkrone, die aufgrund der bedeckenden harten Schmelzschicht ein hellweißes Aussehen hat. Unterhalb des Schmelzes findet sich die dickste Schicht des Zahnes, das Dentin. Im Zahninneren findet sich die weichgewebliche Pulpa.

Anteil organischer Substanz auf, die restlichen 10 Prozent sind Wasser. Im Dentin finden sich viele sonnenstrahlenartig vom Zahninneren ausgehende Kanälchen, die Dentintubuli. Da die Dentintubuli bis zum Schmelz ziehen, stellen sie eine Verbindung vom Zahninneren zur äußeren Zahnschicht dar, die für die Reiz- respektive Schmerzvermittlung verantwortlich ist. In den Kanälchen befinden sich Fortsätze der Dentinbildner, der Nerven sowie Flüssigkeit (Dentinliquor). Auch das Dentin weist Wachstumslinien auf, die sogenannten Ebner-Linien.

Die Dentinproduktion hält ein Leben lang an, sofern der Zahn vital bleibt. In Notzeiten, also wenn zum Beispiel bei einer kleinen Zahnabsplitterung äußere Reize zum Zahninneren fortgeleitet werden, kann die Dentinproduktion hochgefahren werden. Das dann gebildete Dentin wird als Reizdentin bezeichnet und hat meist einen ungeordneten Charakter im Aufbau, dient jedoch letztlich als Schutz des Zahninneren gegen den Reiz. Es wird daher auch insbesondere am Ort des Reizes gebildet.

Pulpa

Das Zahninnere ist weichgeweblich und wird als Pulpa bezeichnet. Dagegen ist die Bezeichnung »Zahnnerv« nicht ganz zutreffend, da neben sensiblen Elementen noch viele weitere Gewebe zu finden sind. Die Pulpa befindet sich in der Markhöhle des Zahnes, die in ihrer Form der äußeren Form des Zahnes ähnelt. Die äußere Schicht sind die Odontoblasten, welche die lebenslange Dentinproduktion unterhalten. Daneben finden sich Nervenfasern, Lymph- und Blutgefäße und freie Zellen. Der Ein- beziehungsweise Austritt dieser Strukturen in das Zahninnere oder aus diesem heraus findet an der Wurzelspitze statt, die sich während der Entwicklung des Zahnes im ersten Lebensjahr schließt. Dadurch wird die Verbindung nach außen stark verengt, lediglich kleine Kanäle, ähnlich einem Flussdelta, verbleiben.

Bei einem einwurzeligen Zahn gibt es eine Kronenpulpa und eine Wurzelpulpa. Bei mehrwurzeligen Backenzähnen gibt es ebenfalls eine Kronenpulpa und ein Wurzelpulpasystem, bei dem sich die Pulpen der einzelnen Wurzeln im Bereich des Wurzelstammes unterhalb der Kronenpulpa vereinigen. Die Verletzung eines kleinen Teils der Pulpa führt daher immer zur Gesamtbeteiligung.

Wurzelzement

Wird der Dentinkörper des Zahnes im Kronenbereich vom Schmelz bedeckt, so findet sich im Wurzelbereich ein Überzug aus Wurzelzement. Dieser wird in der Entwicklung der sich ausbildenden Wurzel aufgelagert. Im Wurzelzement verankern die Zahnhaltefasern, die für die Aufhängung des Zahnes in seinem Zahnfach verantwortlich sind. Wurzelzement kann ähnlich wie Dentin lebenslang gebildet werden, daher ist im Alter die Wurzelzementschicht dicker und der umgebende Parodontalspalt enger. Wurzelzement ist in der Zusammensetzung knochenähnlich.

Zahnhaltefasern

Die Zahnhaltefasern (Parodontalfasern) sind für die Verankerung des Zahnes verantwortlich. Sie setzen mit der einen Seite im Wurzelzement an, mit der anderen Seite im Alveolarknochen. Durch sie können auf den Zahn auftreffende Kräfte abgefangen werden. Die Zahnhaltefasern erreichen erst nach vollständigem Durchbruch des Zahnes ihre endgültige Anordnung und können daher auch erst zu diesem Zeitpunkt ihre Aufgabe vollständig erfüllen.

Der Zahn samt Zahnhalteapparat ist weniger eine anatomische Einheit als ein funktioneller Verbund verschiedenster Systeme. Zwar können einzelne Strukturen herausgegriffen werden, jedoch nur als Ganzes können sie die Anforderungen an Zähne und Mundschleimhäute bewältigen.

Info

Zahnhalteapparat

Dieser besteht aus
- Zahnfleisch
- Zahnhaltefasern (Parodontalfasern)
- Wurzelzement und
- zahntragendem Abschnitt des Kieferknochens (Alveolarknochen).

Die Milchzähne

Die Milchzähne der Katze treten im Alter von 3–6 Wochen in die Mundhöhle durch. Sie sind kleiner und spitzer als die bleibenden Nachfolger und der Größe des sich entwickelnden Kiefers angepasst. Die Katze besitzt im Oberkiefer sieben, im Unterkiefer sechs Zähne pro Kieferquadrant, jeweils drei Milchschneidezähne, einen Milchfangzahn und drei Milchbackenzähne, von Letzteren im Unterkiefer nur zwei. Zusammengerechnet demnach 26 Milchzähne.

Zahnformel für die Milchzähne		
313	313	Oberkiefer
213	312	Unterkiefer

Milchzähne besitzen eine (Schneidezähne, Fangzähne) oder mehrere (Backenzähne) vollständig entwickelte Wurzeln, die den Gebrauch der Zähne bis zum Wechsel sicherstellen. Mit Entwicklung der bleibenden Zähne kommt es zur Auflösung (Resorption)

▼ a) Der permanente Zahn entwickelt sich nahe der Wurzel des Milchzahnes.

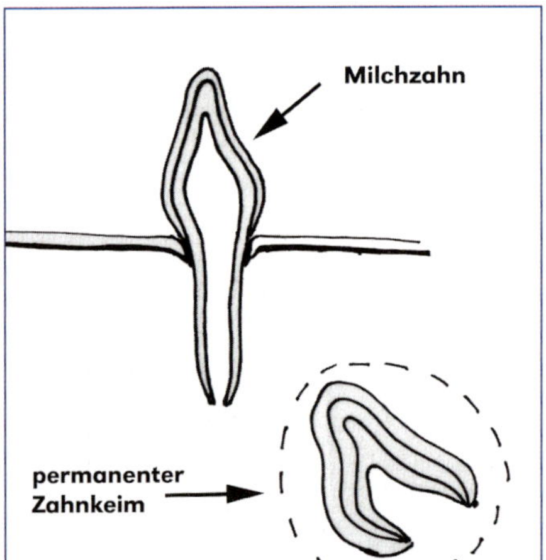

▼ b) Beim Zahnwechsel wird die Wurzel des Milchzahnes aufgelöst und schafft so Platz für den bleibenden Ersatzzahn.

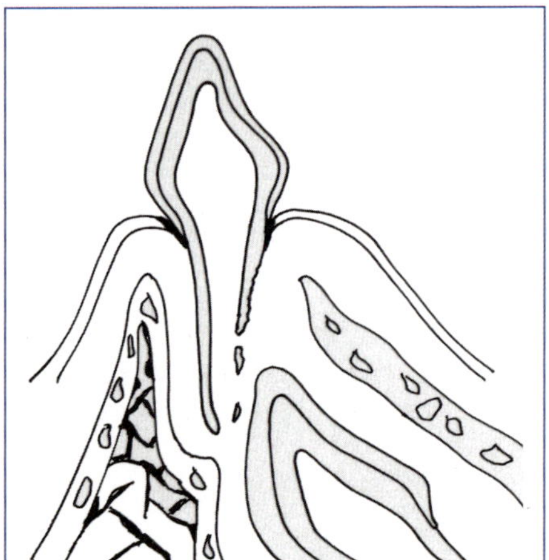

der Milchzahnwurzeln, sodass bei Herausfallen der Milchzähne der Eindruck entsteht, Milchzähne hätten keine Wurzeln. Bleibt die Resorption aus (persistierende Milchzähne) oder wird sie behindert (zum Beispiel durch eine Entzündung), so muss bei Entfernung des Milchzahnes auch dessen Wurzel vollständig herausgenommen werden.

Die Wurzeln eines Milchbackenzahns sind weit gespreizt, weil sich der bleibende Nachfolger zwischen diesen entwickelt. Milchzahn und bleibender Zahn sind sich sehr nah, sodass eine Störung des Milchzahnes in vielen Fällen zu einer Entwicklungsstörung des bleibenden Nachfolgers führt. Bei Abbrechen eines Milchzahnes muss daher immer zügig behandelt werden, da über den Wurzelkanal Bakterien und Entzündung zur Wurzelspitze und damit zum Keim des bleibenden Zahnes gelangen. Mögliche Folgen sind:

- ausbleibende Resorption (Auflösung) der Milchzahnwurzel
- Schädigung der Schmelz- und Dentinproduktion des bleibenden Nachfolgers
- Ablenkung des bleibenden Nachfolgers vom vorgesehenen Durchbruchsweg hinein in eine Zahnfehlstellung

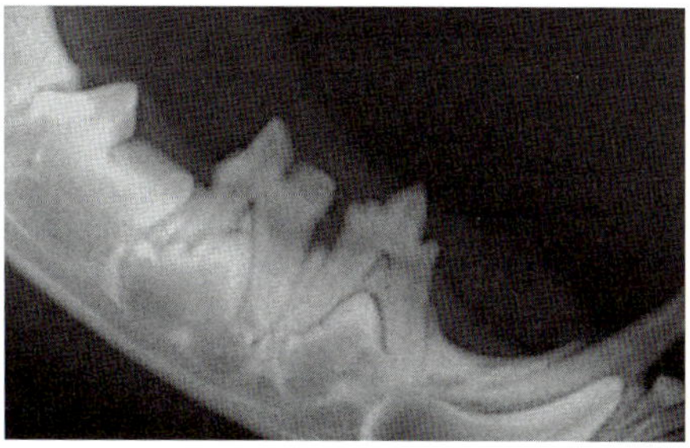

▲ Wechselgebiss. Im Röntgenbild kann man die Lage der permanenten Nachfolger der Milchzähne sichtbar machen. Im Backenzahnbereich liegen die Nachfolger zwischen den weit gespreizten Wurzeln der Milchzähne.

- Absterben des bleibenden Nachfolgers

Abwarten im Falle eines abgebrochenen Milchzahnes kann daher fatale Folgen haben, die sich jedoch erst im bleibenden Gebiss zeigen.

Je näher der Zahnwechsel rückt, umso größer werden die Lücken zwischen den Milchzähnen, da Platz geschaffen werden muss für die größeren bleibenden Zähne. Im Wechselzeitraum kann es kurzzeitig zu einem Nebeneinander von Milchzahn und bleibendem Nachfolger kommen. Bleibt dieser Zustand unnatürlich lange bestehen, spricht man von persistierenden Milchzähnen, die entfernt werden müssen.

Die bleibenden Zähne

Die bleibenden Zähne treten im Alter von 3–6 Monaten in die Mundhöhle durch. Das vollständige Katzengebiss besteht aus 30 Zähnen, davon 16 Zähne im Oberkiefer und 14 Zähne im Unterkiefer. Im Sinne eines reinen Fleischfressers (Karnivor) ist das gesamte Gebiss auf das Zerteilen und Zerreißen ausgerichtet. Das heißt, es findet sich auch im Backenzahnbereich eine reine Scherenverzahnung. Dadurch beißen die Reißzähne in sehr enger Verzahnung dicht aneinander vorbei und ermöglichen das Zerteilen von Futter im Kaukraftbelastungszentrum. Anders als bei Hund oder Mensch weist das Katzengebiss keine mahlenden (bunodonten) Abschnitte auf, sondern ist rein schneidend (sekodont).

Zahnformel für die bleibenden Zähne		
1313	3131	Oberkiefer
1213	3121	Unterkiefer

▼ Oberkiefer. Die Schneidezähne sowie die vorderen und letzten Backenzähne sind bei der Katze in der Größe deutlich reduziert. Wichtig für die Gebissfunktion sind vor allem die Fangzähne zum Greifen von Beute sowie die Reißzähne zum Zerteilen von Nahrung. Der Gaumen ist durch deutliche Gaumenfalten gekennzeichnet, bei vielen Katzen sind variable Pigmentierungen der Schleimhaut zu finden.

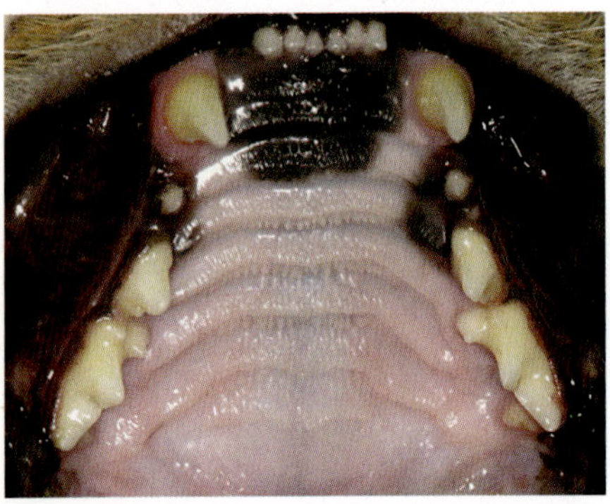

▼ Unterkiefer. Auch hier sind Fangzähne und Reißzähne die größten Zähne. Hinter den kleinen Schneidezähnen setzt das Zungenbändchen an, an dessen Basis die Ausführungsgänge der Unterzungen- und Unterkieferdrüse enden.

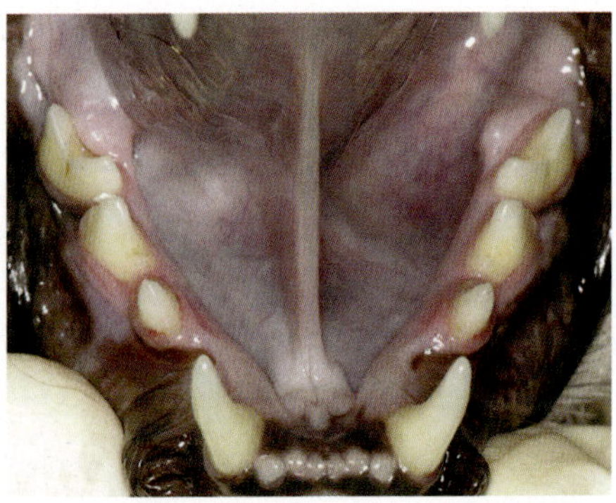

Unter den bleibenden Zähnen unterscheidet man von der Entwicklung her Ersatzzähne von Zuwachszähnen. Ersatzzähne haben einen Milchzahnvorläufer, Zuwachszähne nicht. Zuwachszähne entstehen daher in Verlängerung der Milchzahnreihe im Rahmen des größer werdenden Kiefers. Zu den Zuwachszähnen zählen die hinteren Backenzähne, die Molaren. Alle anderen Zähne haben oder wiesen zumindest in der phylogenetischen Entwicklung Milchzahnvorläufer auf.

Info

Fangzahn und Reißzahn

Häufig werden Fangzahn und Reißzahn miteinander verwechselt. Der Fangzahn ist der Eckzahn oder Caninus und ist – wie der Name schon sagt – für das Fangen und Halten der Beute verantwortlich.
Der Reißzahn ist im Oberkiefer der vierte der vorderen Backenzähne und im Unterkiefer der erste der hinteren Backenzähne und ist – wie der Name schon sagt – für das Zerreißen und Zerteilen der Beute verantwortlich.

Von Form und Funktion her unterscheidet man Schneidezähne (Incisivi), Fangzähne (Canini), vordere Backenzähne (Prämolaren) und hintere Backenzähne (Molaren).

▼ a) Die Frontzähne bestehen aus den kleinen Schneidezähnen und den großen Fangzähnen. Die Fangzähne verzahnen sehr eng miteinander und liegen mit ihren Zahnspitzen der Schleimhaut des Gegenkiefers von außen an. Die Schneidezähne stehen bei den meisten Rassen im sogenannten Zangenbiss aufeinander.

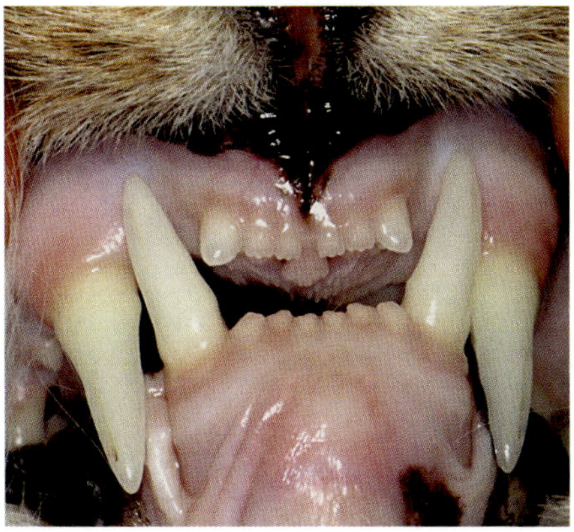

Schneidezähne. Die Schneidezähne (Incisivi) der Katze sind sehr zierlich und in geradem Verlauf in der Ober- und Unterkieferfront angeordnet. Die seitlichen Schneidezähne sind etwas größer

▼ b) Auch die Backenzähne beißen aneinander vorbei, da sie rein auf das Zerteilen ausgerichtet sind. Der Oberkieferzahnbogen ist dafür weiter als der Unterkieferzahnbogen.

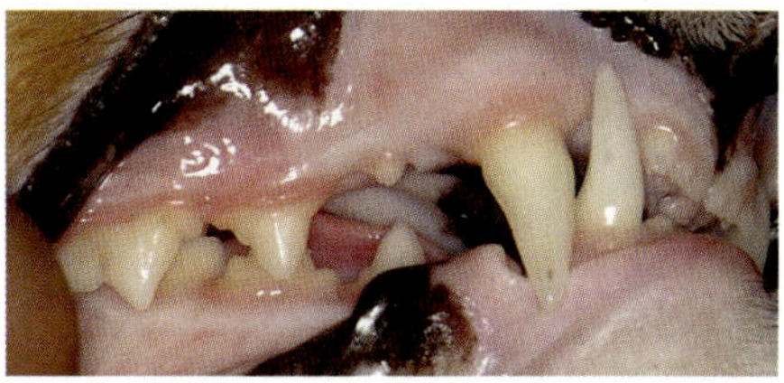

Info

Die Nummerierung der vorderen Backenzähne – ein Verwirrspiel

Wieso gibt es den vierten Prämolaren, wenn doch nur drei angelegt sind? Die Zähne wurden definitionsgemäß auf Grundlage eines vollständigen Gebisses mit jeweils vier Prämolaren durchnummeriert. Da im Rahmen der phylogenetischen Entwicklung die vorderen Prämolaren, also Nummer 1 und im Unterkiefer auch Nummer 2, irgendwann nicht mehr angelegt wurden, reduzierte sich zwar die Zahnzahl der Prämolaren, die Bezeichnung Nummer 2, 3 und 4 der jeweiligen Zähne wurde jedoch beibehalten.

Info

Zahnschema

Zur genauen Benennung der Zähne wurde ein System entwickelt, das jedem Zahn eine dreistellige Ziffernfolge zuweist, die seine Zugehörigkeit zum rechten oder linken Ober- und Unterkiefer sowie seine Stellung im Kiefer angibt. Die erste Ziffer benennt den jeweiligen Kieferquadranten, die zweite und dritte Ziffer – durchgezählt von der Kiefermitte – bezeichnen die Stellung des Zahnes im Gebiss (siehe Abb. S. 10).
Aufgrund der reduzierten Zahnzahl der Katze erscheint die Nummerierung lückenhaft, berücksichtigt jedoch die ursprünglich einmal angelegten und bei anderen Spezies auch noch vorhandenen Zähne.

und ähneln in ihrer Form bereits ein wenig dem Eckzahn. In den meisten Fällen zeigt sich ein Kanten- oder Zangenbiss, das heißt, die Schneidekanten der Zähne beißen aufeinander. Die Wurzeln der Schneidezähne sind sehr schmal und klein.

Fangzähne. Die Fangzähne (Eckzähne, Canini) sind sehr lang und spitz. Der obere Fangzahn verzahnt direkt im Anschluss an den unteren Fangzahn mit sehr geringem Abstand. Kleine Abweichungen in der Stellung führen aufgrund des reinen Scharniermechanismus des Kiefergelenks der Katze schnell zur Schlussunfähigkeit von Ober- und Unterkiefer, da es insbesondere zu Störkontakten der Canini kommt. Die Wurzeln der Canini sind sehr lang und weisen im Oberkiefer mit ihrer Wurzelspitze aufgrund bogenförmigen Verlaufs in Richtung Auge. Eine Entzündung der Fangzahnwurzelspitze zeigt sich daher häufig als Schwellung oder Fistelung unterhalb des Auges (suborbital).

Vordere Backenzähne. Die vorderen Backenzähne (Prämolaren) sind in der Zahnzahl bei der Hauskatze stark reduziert. Im Oberkiefer finden sich drei, im Unterkiefer lediglich noch zwei Prämolare. Der vierte Prämolar stellt im Oberkiefer den Reißzahn und ist von den Prämolaren am stärksten ausgebildet. Davon zeugt auch, dass er als einziger der Prämolaren über drei Wurzeln verfügt.

Hintere Backenzähne Von den hinteren Backenzähnen (Molaren) gibt es bei der Katze in jedem Kieferquadranten einen an der Zahl. Während der Oberkiefermolar aufgrund seiner geringen Größe zu vernachlässigen ist, stellt der Unterkiefermolar den funktionell wichtigen Reißzahn. Der Oberkiefermolar hat entweder drei kleine Stummelwurzeln oder ist zu einer einzigen Wurzel verschmolzen (häufiger). Der Unterkiefermolar besitzt zwei Wurzeln.

Mundschleimhäute

Die Mundhöhle ist von vielen verschiedenen, zum Teil sehr spezialisierten Schleimhäuten ausgekleidet. Je nach Funktion weisen sie ein unterschiedliches Erscheinungsbild auf, weshalb die einzelnen Schleimhäute im Folgenden separat dargestellt werden.

Das Zahnfleisch

Das Zahnfleisch (Gingiva) umgibt die Zähne und sorgt dort für einen engen, dichten Verschluss. Da mit den Zähnen gearbeitet wird, ist das Zahnfleisch sehr derb und weist oberflächlich verhornte Zellen auf, um der massiven mechanischen Beanspruchung gerecht zu werden. Es ist fest mit dem darunterliegenden Alveolarknochen verwachsen und daher nicht verschieblich. Lediglich der dem Zahn direkt anliegende Teil besitzt keine Verbindung zum Knochen und wird als freie Gingiva bezeichnet. Zwischen Zahn und freier Gingiva liegt der Zahnsulkus, der unter natürlichen Verhältnissen bei der Katze lediglich einen halben Millimeter tief ist. Anhand einer seichten Furche, der sogenannten Mukogingivallinie, lässt sich der Übergang des Zahnfleisches auf die Lefzenschleimhaut erkennen.

Das Zahnfleisch ist in den einzelnen Gebissabschnitten von unterschiedlicher Breite. Auch kann diese rassespezifisch und individuell variieren, wobei die Breite zunächst nichts über die Gesundheit des Zahnfleisches aussagt.

Der anfälligste Bereich des Zahnfleisches ist die Anheftung am Zahn. Anders als die Befestigung am Knochen über Bindegewebsfasern kommt es hier lediglich zu einem sanften Verkleben von Zellen am Zahnschmelz.

Die Gaumenschleimhaut

Die Gaumenschleimhaut ist von der Derbheit der Oberfläche mit der Gingiva vergleichbar, aufgrund ihrer Dicke und der Einlagerung von Drüsen ist sie jedoch nachgiebiger. Hinzu kommen die Ausbildung der Gaumenfalten und die Ausbildung einer Vorwölbung direkt hinter den oberen inneren Schneidezähnen, der Papilla incisiva. Auf der Papilla incisiva beginnen Kanäle, die Gerüche zum sogenannten Jacobson-Organ (Organum vomeronasale), einem zusätzlichen Riechorgan, leiten. Dieses befindet sich auf dem Boden der Nasenhöhle und erleichtert der Katze die Wahrnehmung von Gerüchen, ersichtlich am Wittern bei leicht geöffneter Mundhöhle.

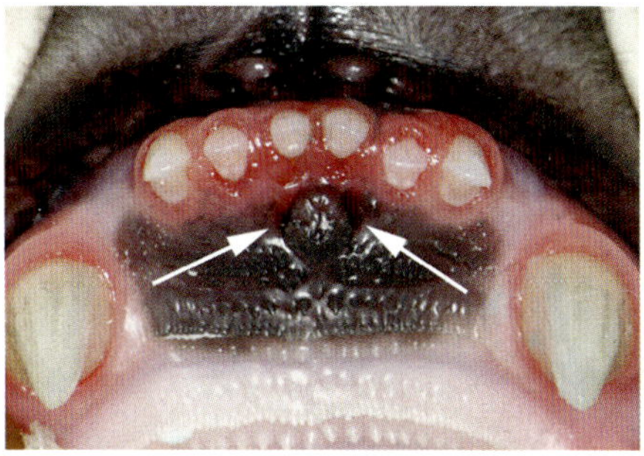

▲ Die Papilla incisiva findet sich direkt hinter den Oberkieferschneidezähnen. Auf ihr enden Gänge (Pfeile), die zum Jacobson-Organ (Organum vomeronasale) laufen, einem zusätzlichen Witterungsorgan, das beim Menschen im Laufe der Entwicklung verkümmert ist.

Die Lefzenschleimhaut

Wie bereits bei der Gingiva angesprochen beginnt die Lefzenschleimhaut an der Mukogingivallinie. Im Gegensatz zur Gingiva ist sie dünn, weich und auf dem darunterliegenden Bindegewebe verschieblich. Es finden sich kleine eingelagerte Drüsen ebenso wie die Ausführungsgänge der Ohrspeicheldrüse (Glandula parotidea) und der Jochbogenspeicheldrüse (Glandula zygomatica).

Die Unterzungenschleimhaut

Die Unterzungenschleimhaut ist der Lefzenschleimhaut nicht unähnlich, nur dass sie noch zarter und dünner ist. Auch auf ihr enden Ausführungsgänge großer und kleiner Speicheldrüsen. Die Öffnungen der Ausführungsgänge der Mandibulardrüsen (Glandula mandibularis) und der Unterzungendrüsen (Glandula sublingualis) befinden sich am Beginn des Zungenbändchens und sind als kleine Vorwölbung sichtbar. Innen am Unterkieferreißzahn befindet sich bei der Katze eine weiche Schleimhautvorwölbung, welche die innere Molarendrüse (Glandula molaris lingualis) darstellt.

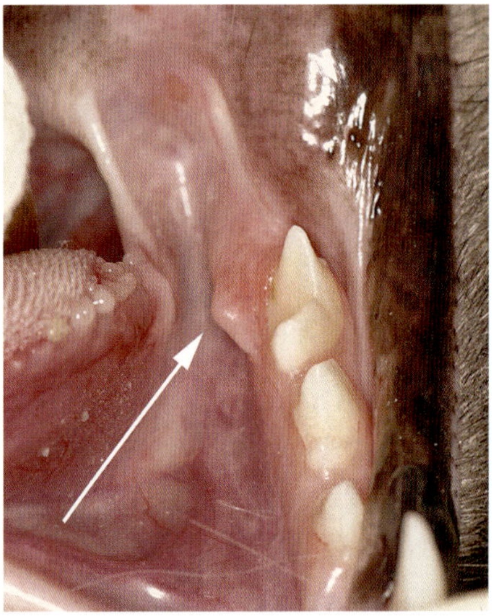

▲ Molarendrüse. Innen am Unterkiefer-reißzahn (Pfeil) findet sich eine weder bei Hund noch Mensch vorhandene zusätzliche Drüse, die als erbsengroßer Schleimhautwulst zu erkennen ist.

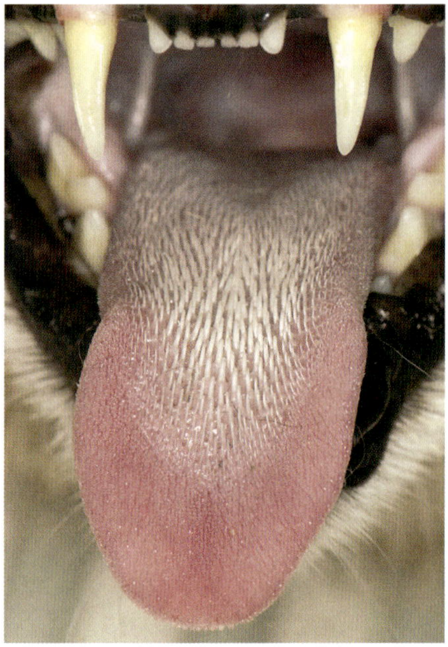

▲ Der Zungenrücken der Katze weist viele kleine Hornzäpfchen auf, die rachenwärts gerichtet sind. Sie dienen dem Futter- und Flüssigkeitstransport sowie der Reinigung des Fells.

Die Zungenschleimhaut

Der Rücken der Zunge weist viele spezifische Strukturen auf, die zum einen den gerichteten Futter- und Flüssigkeitstransport sicherstellen, zum anderen die Geschmacksvermittlung übernehmen.

Kleine Hornzapfen der Schleimhautoberfläche (Zungenpapillen) sind für die Rauigkeit der Katzenzunge verantwortlich. Sie weisen mit ihrer Spitze Richtung Rachen, wodurch Speisen ihren Weg finden und Fell von Verschmutzungen befreit werden kann.

Um diese und weitere Zungenpapillen herum finden sich Geschmacksknospen in die Schleimhaut eingelagert. Sie nehmen Geschmacksreize wahr und leiten diese über aufsteigende Nervenfasern letztlich an das Gehirn, wo sie zu einem Gesamtbild verarbeitet werden.

Die häufigsten Zahn- und Kiefererkrankungen der jungen Katze

Zahn- und Kiefererkrankungen der jungen Katze

Zahnerkrankungen sind nicht wie häufig vermutet eine Alterserscheinung. Bereits die junge Katze kann mannigfaltige Störungen an Zähnen und Kiefer aufweisen. Verantwortlich sind meist Beeinträchtigungen der komplexen Entwicklung der Zähne. Insbesondere die Entwicklung der bleibenden Zähne findet zu einer Zeit statt, in der das junge Kätzchen die Welt erkundet, mit den Geschwistern aufs Heftigste spielt, schon einmal vom Bett oder vom Tisch fällt und auch sonst keine Gelegenheit auslässt, seine Nase in alles Mögliche hineinzustecken.

Das Fehlen von Zähnen

Völlige Zahnlosigkeit bezeichnet man als Anodontie, sie ist jedoch bei der Katze extrem selten. Viel häufiger kommt es vor, dass ein oder zwei Zähne fehlen (Hypodontie). Die Ursache kann sowohl genetischer Natur als auch in der Entwicklung des Individuums begründet sein. Weisen die Elterntiere oder die Geschwister eine ähnliche Problematik auf, liegt die Vermutung nahe, dass es sich um eine vererbbare Erkrankung handelt. Ist lediglich ein Einzeltier betroffen, besteht immer auch die Möglichkeit, dass es aufgrund von Störungen der Zahnentwicklung zu einem bestimmten Zeitpunkt zu einer Zerstörung und Auflösung des Zahnkeimes gekommen ist. Ob der Zahn angelegt ist oder nicht, sollte in jedem Fall röntgenologisch untersucht werden, da das Nichtdurchtreten eines Zahnes in

▼ Bei dieser Katze sind die funktionell wichtigen Fangzähne im Oberkiefer nicht angelegt.

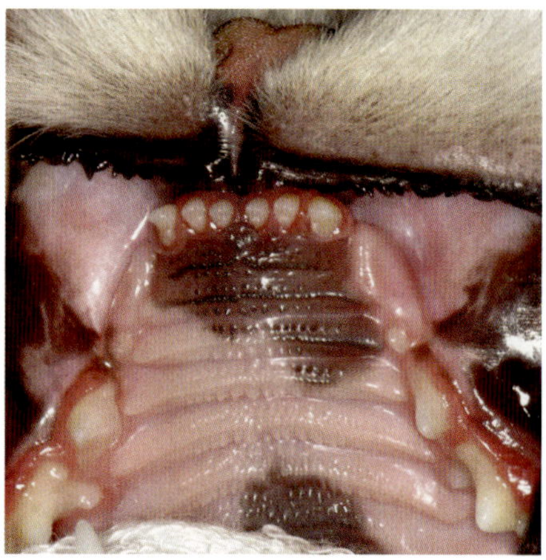

die Mundhöhle nicht gleichzeitig seine Nichtanlage bedeutet. Der betroffene Zahn kann ebenso reaktionslos, missgestaltet, abgestorben oder in einen Entzündungsprozess eingebettet in der Tiefe des Kiefers liegen, ohne zu diesem Zeitpunkt auf sich aufmerksam zu machen. Ein nicht durchgebrochener (retinierter) Zahn führt häufig über kurz oder lang zu einer Reaktion. Am häufigsten ist die Bildung einer Zyste um den Zahn herum, welche man mit einem flüssigkeitsgefüllten Ballon vergleichen kann. Dieser Ballon wächst und löst dabei umliegenden Knochen und Zähne auf. Um zu vermeiden, dass dieses eintritt, sollte man nicht durchgebrochene Zähne entfernen, sofern keine Chance auf eine kieferorthopädische Einordnung in die Zahnreihe besteht.

Das Fehlen von Zähnen ist insbesondere für die Zucht ein wichtiges Kriterium, da vermieden werden soll, dass erblich bedingte Nichtanlagen weitergegeben werden. Dagegen stellt die Nichtanlage eines kleinen Backenzahnes für das Tier selbst kaum eine funktionelle Beeinträchtigung dar. Anders verhält es sich bei Fehlen von Reißzähnen oder Fangzähnen, die einen deutlichen Funktionsverlust des Gebisses bedeuten.

Überzahl an Zähnen

Eine Überzahl an Zähnen (Hyperdontie) führt zu beengten Platzverhältnissen im Kiefer. Dadurch ergeben sich neue Schmutznischen, in denen sich Beläge und Zahnstein ansammeln und die Entstehung einer Parodontitis begünstigen.

Auch zu viele Zähne können sowohl erblich bedingt als auch Folge einer Entwicklungsstörung der Katze sein. Man unterscheidet eine unechte Hyperdontie von einer echten Hyperdontie. Eine unechte Hyperdontie liegt immer dann vor, wenn sich zu viele Zähne nur aufgrund des Nichtausfallens von Milchzähnen ergeben. Eine echte Hyperdontie, wenn auch tatsächlich zu viele bleibende Zähne angelegt sind. Wenn ein Zahn doppelt angelegt ist, sollte weiterhin untersucht werden, ob diese Doppelanlage den gesamten Zahn betrifft oder sich auf die Zahnkrone beschränkt und es im Wurzelbereich noch ungeteilte Bereiche gibt. Bei dem Versuch der Entfernung (Extraktion) könnte es sonst zu bösen Überraschungen kommen, da statt eines Zahnes zu viel plötzlich einer zu wenig vorhanden ist.

Die Entfernung von doppelt angelegten Zähnen ist die Therapie der Wahl, die bereits beim jungen Tier als parodontale Prophylaxemaßnahme gilt.

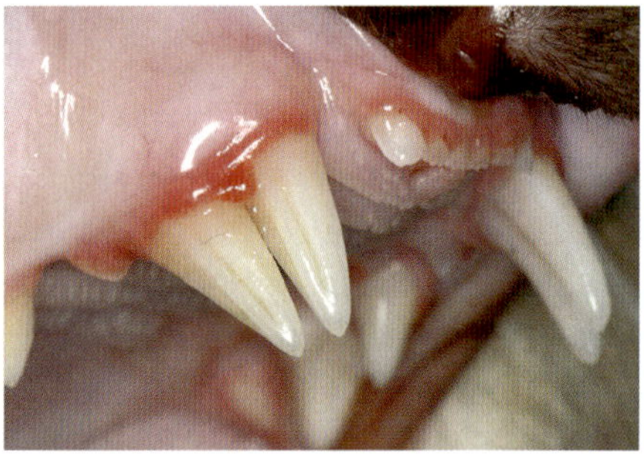

▲ a) Bei dieser Katze wurden die Oberkieferfangzähne doppelt angelegt, hier klinisch der rechte Oberkieferfangzahn.

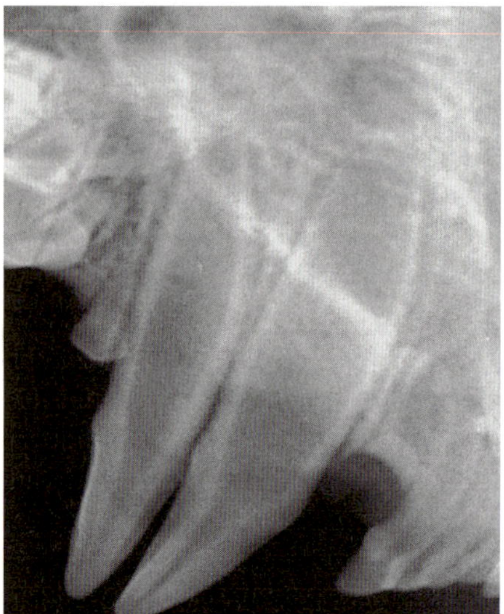

▲ b) Im Röntgenbild zeigt sich, dass die Doppelanlage vollständig ist, dass also auch die Wurzeln vollständig und getrennt vorliegen.

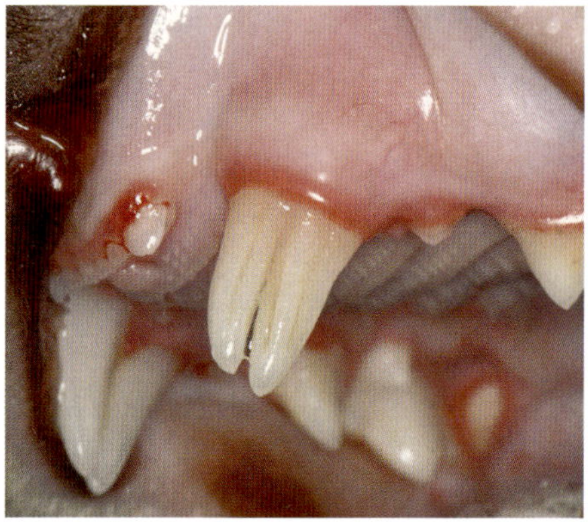

▲ c) Der linke Oberkieferfangzahn desselben Tieres präsentiert sich ebenfalls als Doppelanlage.

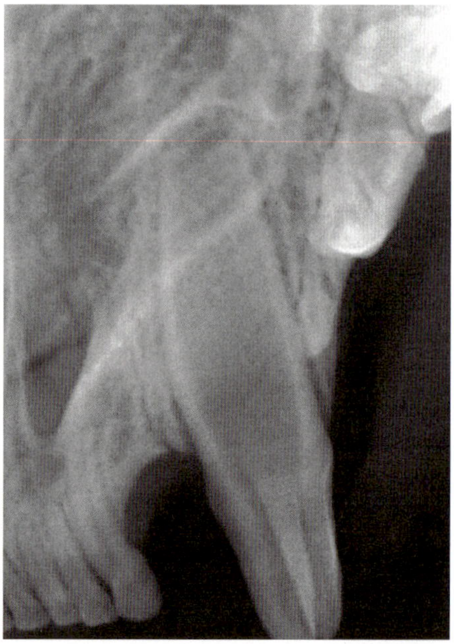

▲ d) Anders als auf der rechten Oberkieferseite liegen bei der Doppelanlage der linken Oberkieferfangzähne keine getrennten Wurzeln vor, sondern ein gemeinsamer Wurzelstamm.

Missgestaltete Zähne

Eine aufgrund einer Entwicklungsstörung des Zahnkeimes entstandene Missbildung des Zahnes ist bereits bei seinem Durchbruch ersichtlich. Die Missbildung kann lediglich oberflächliche Partien des Zahnes wie zum Beispiel den Schmelz betreffen (Schmelzhypoplasie), je nach Dauer oder Stärke der Störung kann jedoch auch der gesamte Zahn in Struktur und Form betroffen sein.

Schmelzhypoplasien (Zahnschmelz-Unterentwicklung) sind die häufigere Art der Schädigung. Die Zähne weisen punktuelle oder zirkuläre, meist bräunlich verfärbte Areale auf, in denen sich kein oder fehlerhafter Schmelz befindet. Ist der Zeitraum der Schädigung zeitlich eng begrenzt, ist dementsprechend meist auch nur ein kleiner Teil der Zahnkrone von einer Schmelzhypoplasie betroffen. Je näher sich der Defekt zur Kronenspitze hin befindet, umso früher ist die Schädigung erfolgt. Zirkuläre, die Krone umlaufende Defekte finden sich, weil zeitgleich aktiv produzierende Schmelzbildnerzellen betroffen waren und die Schmelzproduktion symmetrisch von der Kronenspitze in Richtung Zahnwurzel verläuft.

Die Behandlung schmelzhypoplastischer Zähne besteht in der Entfernung defekten Schmelzes und der Versorgung des Defektes mit einer Kunststoff-

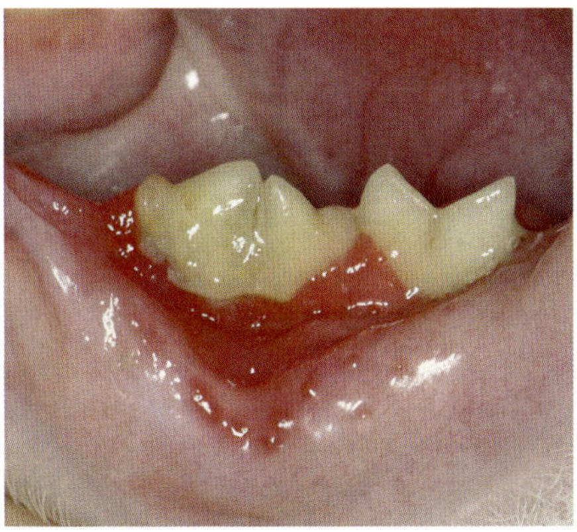

▲ a) Die unvollständige Doppelanlage des Unterkieferprämolaren hat zu vermehrter Plaqueanlagerung mit nachfolgender Zahnfleischentzündung geführt.

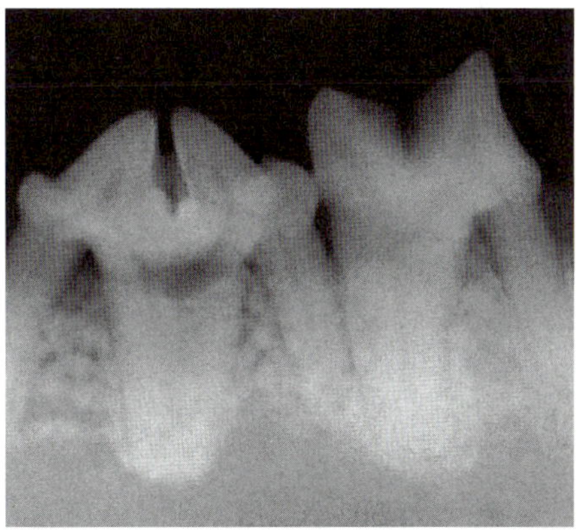

▲ b) Im zugehörigen Röntgenbild zeigt sich der gemeinsame Wurzelstamm der unvollständig doppelt angelegten Backenzähne.

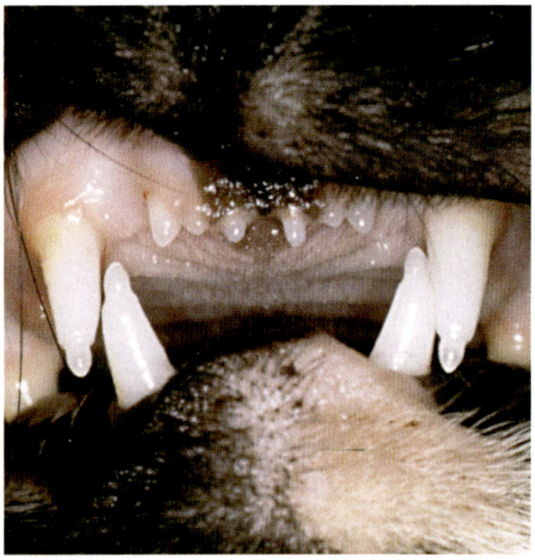

▲ Schmelzhypoplasie. Die Schmelzbildung dieser Zähne wurde bei Beginn der Zahnentwicklung gestört, sodass nur die Schmelzbildung an den Zahnspitzen beeinträchtigt wurde und an den Fangzähnen zu tropfenförmigen Spitzen geführt hat.

füllung. Bei massiver Schädigung kann auch die Anfertigung einer Krone aus Metall oder Keramik erwogen werden.

Schmelzhypoplastische Zähne zeigen keine erhöhte Schmerzhaftigkeit. Die freiliegenden Dentinareale weisen im Gegensatz zu freiliegendem Dentin nach einer Zahnfraktur keine eröffneten Dentinkanälchen (Dentintubuli) auf; diese wurden im Verlauf der Zahnentwicklung durch dentinartiges Material verschlossen und die Pulpa dadurch geschützt. Die eigentliche Problematik schmelzhypoplastischer Zähne besteht in einer verringerten Stabilität infolge Unterbrechung der »Schmelzkappe« sowie in vermehrter Anlagerung von Plaque in den rauen Zahndefekten. Die Versorgung mittels einer Kunststofffüllung ist daher vor allem im Rahmen einer Parodontalprophylaxe zu sehen.

Abgebrochene Zähne

Bereits ein abgebrochener Milchzahn gibt Anlass zur Sorge. Denn unterhalb des abgebrochenen Milchzahnes soll sich der gesunde bleibende Zahn weiterentwickeln. Dessen Entwicklung wird jedoch massiv beeinträchtigt, wenn über den abgebrochenen Milchzahn Bakterien in den Kiefer vordringen und dort eine Entzündung verursachen. Die Schädigung des bleibenden Zahnes reicht von leichten Schmelzdefekten bis hin zur völligen Zerstörung des bleibenden Zahnkeimes. Daher sollten abgebrochene Milchzähne mit eröffneter Pulpa immer entfernt werden. Zum einen, um die aktuelle Schmerzproblematik zu beseitigen, und zum anderen, um Folgeschäden an den bleibenden Nachfolgern zu vermeiden.

Abgebrochene bleibende Zähne bei der Jungkatze sind ein sehr schwieriges

Thema, da die Wurzelspitze erst gegen Ende des ersten Lebensjahres vollständig geschlossen ist. Wenn die Pulpa mitbetroffen ist, wird eine Behandlung unumgänglich. Symptome für eine Eröffnung der Pulpa sind:

- Schmerzhaftigkeit
- Blutung aus dem Zahn
- roter Punkt auf der Frakturfläche
- dunkler Punkt auf der Frakturfläche
- Loch auf der Frakturfläche
- Schwellung über dem Zahn
- Fistelung über der Wurzelspitze

Entweder der betroffene Zahn wird vollständig entfernt, oder man versucht, durch eine besondere Form der Wurzelbehandlung diesen Zahn zu erhalten: Ein Teil der Kronenpulpa wird hierbei entfernt, ein Medikament wird auf den verbliebenen Pulpastumpf aufgetragen und der Zahn mittels Füllung verschlossen. Voraussetzung für diese Form der Versorgung ist, dass sie so schnell wie möglich erfolgt. Je länger die Eröffnung des Zahnes unversorgt bleibt, umso weiter sinken die Überlebenschancen der Pulpa. Aufgrund der unsicheren Prognose dieser Versorgungsform ist eine röntgenologische Nachkontrolle unerlässlich, um das Überleben des Zahnes zu objektivieren und im Falle eines Misserfolgs den Zahn entfernen zu können. Bei bereits vorliegender Wurzelspitze erfolgt eine konventionelle Wurzelbehandlung und -füllung.

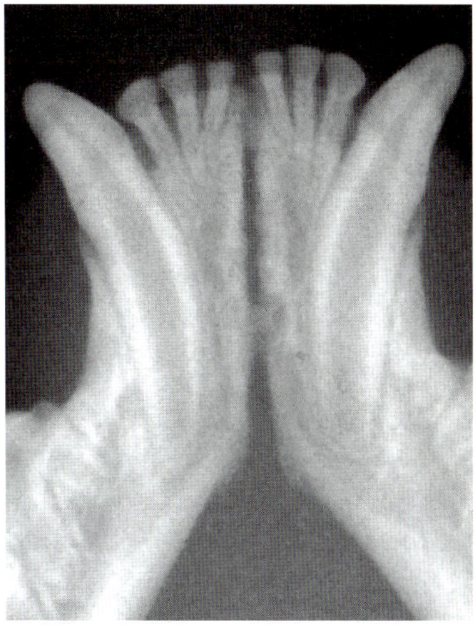

▲ Die Bildung der Wurzelspitze findet deutlich später statt als der Durchbruch des Zahnes in die Mundhöhle. Die Wurzelspitzen der Fangzähne dieser 10 Monate alten Katze zeigen einen beginnenden Wurzelschluss, der Wurzelkanal ist noch sehr weit.

Parodontitis

Selbst beim jungen Tier finden sich bereits Erkrankungen des Zahnhalteapparates, die man normalerweise erst beim alten Tier suchen würde. Sind die Voraussetzungen geeignet, können bereits mit Durchbruch der bleibenden Zähne in die Mundhöhle folgenschwere Erkrankungen des Parodonts beginnen.

Der Umgang des Körpers mit einem bakteriellen Angriff hängt von der Kompetenz des Immunsystems ab. Da dieses bei jungen Katzen noch nicht ausgereift ist, kann es zu unpassenden Reaktionen auf eigentlich normale Reize kommen. Manche Rassen wie zum Beispiel Maine Coon und Norwegische Waldkatze sind besonders von solchen jugendlichen Formen parodontaler Erkrankungen betroffen (feline juvenile Parodontitis).

Häufig findet sich eine entzündlich-reaktive Zunahme des Zahnfleisches (Gingivahyperplasie). Das Zahnfleisch wuchert über die Zähne, ist hochrot

▼ a) Hochgradige Wucherung des Zahnfleisches, die Zähne sind bereits weitestgehend überwachsen. Das Zahnfleisch ist hochrot und zeigt eine große Blutungsneigung.

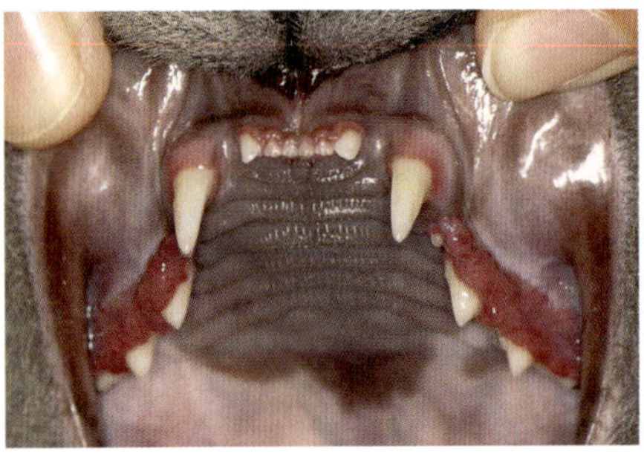

▼ b) Die Backenzähne sind durch das wuchernde Zahnfleisch kaum noch sichtbar.

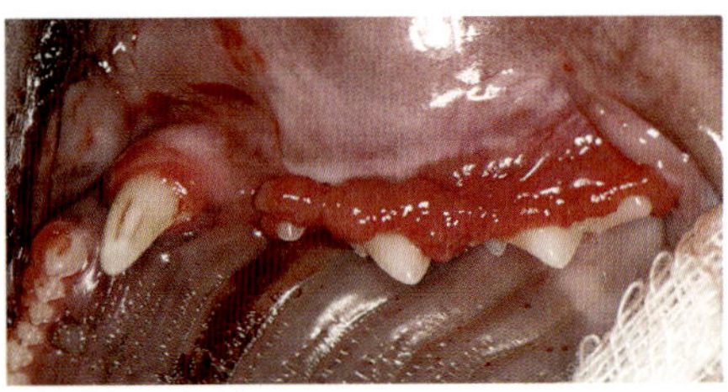

▼ c) Das überschüssige Gewebe wurde mit Laser entfernt.

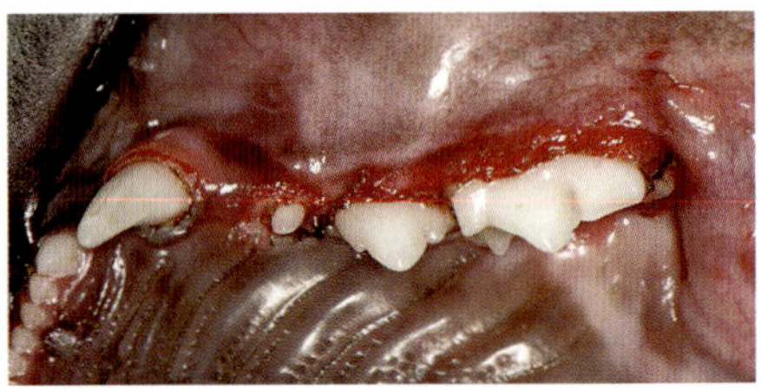

▼ d) Bei guter häuslicher Nachsorge zeigt sich in der Kontrolle bereits nach wenigen Wochen ein beinah reaktionsloses Zahnfleisch ohne neuerliche Anzeichen einer Zahnfleischwucherung.

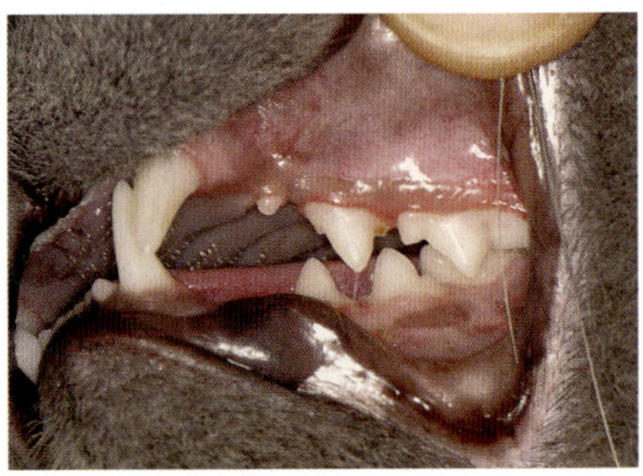

und blutet bei Berührung. Greift man in diesen Fällen rechtzeitig ein, kann durch die Entfernung des gewucherten Zahnfleisches und nachfolgender intensiver Zahnpflege die Entstehung einer tief greifenden, mit Knochenauflösung und Zahnverlust verbundenen Parodontitis verhindert werden.

Zur Unterstützung des Immunsystems im Umgang mit den bakteriellen Belägen sollte eine Immuntherapie gestartet werden. Eine Parodontalbehandlung unter Narkose mit Entfernung des überflüssigen Zahnfleisches und Eliminierung der Zahnfleischtaschen, begleitet von Immuntherapie und gefolgt von effektiver Zahnpflege ist die erfolgreichste Strategie, um seinem Tier über die »Abwehrlücke« bis zur Ausreifung des Immunsystems zu helfen. Vom 18.–24. Lebensmonat kann man mit Ausreifung des Immunsystems eine deutliche Verbesserung der Symptomatik feststellen. Es gilt daher durch geeignete Maßnahmen sicherzustellen, dass die Katze den Übergang von der für die Körperabwehr schwierigen Jungkatzenzeit in das Erwachsenenalter mit allen Zähnen und gesundem Parodont bewältigt. Dies bedeutet nicht, dass im Alter von zwei Jahren alle pflegerischen Maßnahmen eingestellt werden können, sondern lediglich, dass der Aufwand etwas geringer ist.

Lippen-Kiefer-Gaumen-Spalten

Bei Lippen-Kiefer-Gaumen-Spalten handelt es sich um sogenannte Hemmungsmissbildungen. Während der Entwicklung des Kopfes bleibt der Lückenschluss bestimmter Knochen oder Gewebestrukturen aus, es verbleibt eine Spalte. Diese kann im Falle der Mundhöhle die Lippe, den Kiefer oder den Gaumen betreffen. Alle Kombinationen sind möglich, sodass isolierte Lippenspalten genauso angetroffen werden können wie Kombinationen in Form von Lippen-Kiefer-Gaumen-Spalten. Verantwortlich für einen Teil der Spalten ist eine erbliche Veranlagung, für den anderen Teil sind es äußere Einflüsse. Diese reichen von Stoffwechselstörungen des Muttertieres über ein infektiöses Geschehen bis hin zu vielen weiteren chemischen und physikalischen Einflüssen. Nicht die Art der Störung ist entscheidend, vielmehr sind es deren Zeitpunkt, Stärke und Dauer.

Eine funktionelle, den Saug- und Schluckakt behindernde Spalte wird meist schon früh auffällig, da die Nahrungsaufnahme erschwert ist und das Tier im Vergleich mit seinen Geschwistern in der Entwicklung deutlich zurückbleibt. Es wird vermehrt geschmatzt, Milch läuft wieder aus dem Mund heraus und die Katze verschluckt sich häufiger. Kommt Milch über den Defekt in die Nase, wird vermehrt geniest. Insbesondere die unvollständige Trennung von Mund- und Nasenhöhle stellt das Hauptproblem dar. Im Extremfall kann das Eindringen von Milch in die Atmungsorgane zu massiven Entzündungen führen, gegebenenfalls sogar mit Todesfolge.

Daher ist ein frühzeitiger Verschluss der Spalte sinnvoll, um eine ungestörte Entwicklung der Katze zu ermöglichen. Vor allem die Kiefer-Gaumen-Spalten sind hierbei von Wichtigkeit. Die Kleinheit der Strukturen macht die Operation zum Verschluss der Spalte zu einer schwierigen Angelegenheit. Um eine vollständige Dichtigkeit zu erzielen und Rezidive (Wiederauftreten) zu vermeiden, wird ein mehrschichtiger Verschluss angestrebt. Am häufigsten wird die »Brückenlappentechnik« angewandt. Dabei werden zunächst die Ränder des Defekts gespalten und als erste Schicht die Nasenschleimhaut separat vernäht. Als Zwischenschicht kann nun gegebenenfalls eine resorbierbare Membran eingebracht werden, die als zweite Schicht fungiert. Die Gaumenschleimhaut ist sehr derb und muss zunächst vollständig vom Gaumenknochen abgelöst werden, damit sie mobilisierbar wird. Danach wird sie als dritte Schicht ebenfalls mittig vernäht. Die Mehrschichtigkeit dient einer flüssigkeitsdichten Naht, um die Gefahr eines Rezidivs zu minimieren. Weitere Präparationsformen mit sogenannten Schwenklappen sind möglich, jedoch aufgrund der Rigidität der Gaumenschleimhaut sehr schwierig in der Ausheilung.

Der zügige Zellumsatz der Mundhöhle ist günstig für eine schnelle Heilung der Wunde. Aufgrund der Größe der Schleimhautlappen muss nur in jedem Fall darauf geachtet werden, dass die Nähte nicht über die Maßen belastet

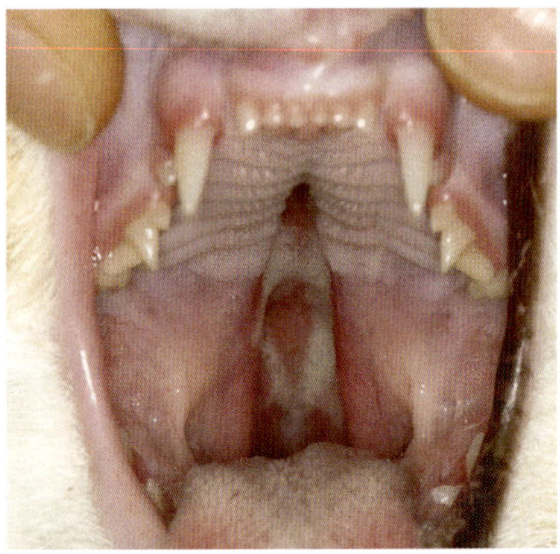

▲ a) Diese sehr junge Katze weist eine Gaumenspalte im Bereich des harten und weichen Gaumens auf. Aufgrund der fehlenden Trennung von Mund- und Nasenhöhle gelangte bei der Futteraufnahme Flüssigkeit in die Nase. Die Gesamtentwicklung des Tieres war hierdurch stark behindert.

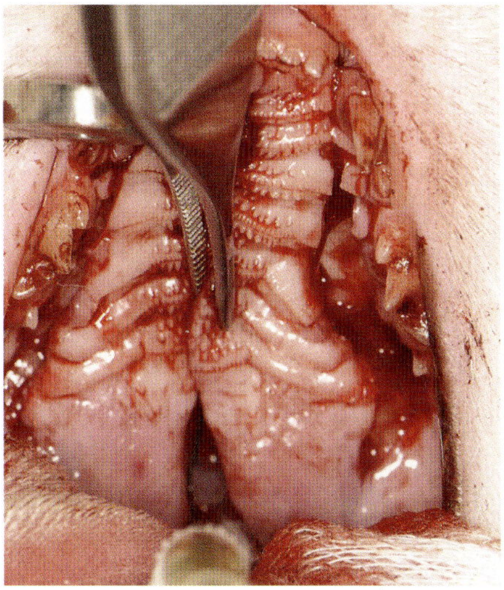

▲ b) Zum Verschluss der Gaumenspalte wurde die gesamte Gaumenschleimhaut lospräpariert, um eine Verschieblichkeit und zugfreie Adaptation zu gewährleisten.

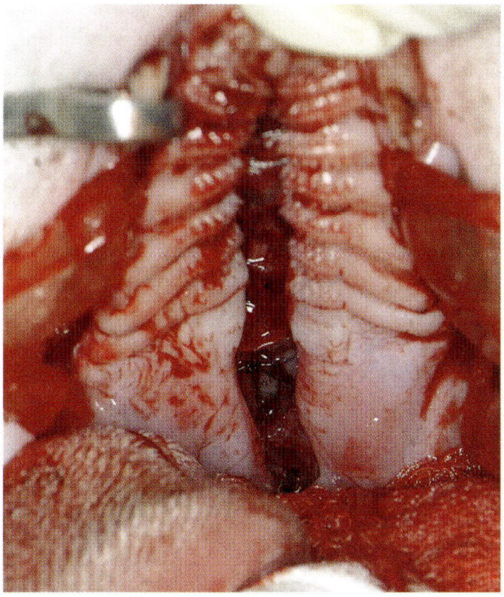

▲ c) Nach Naht der Nasenschleimhaut wurde als zusätzliche Schicht eine Membran eingebracht.

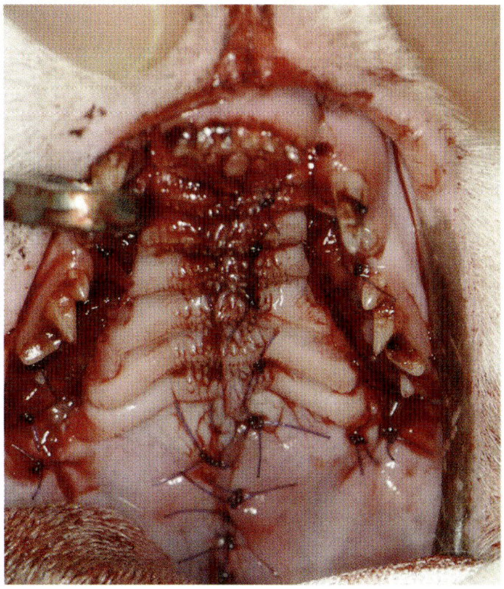

▲ d) Die Gaumenschleimhautlappen wurden mittig vernäht, die eingebrachte Membran deckt die seitlich entstehenden Defekte ab und unterstützt die Heilung.

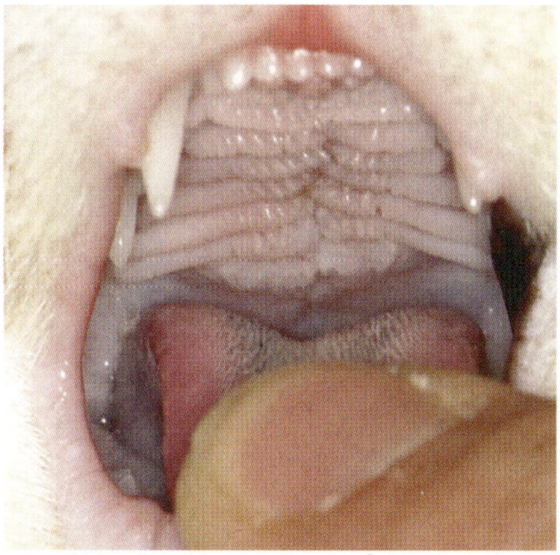

▲ e) In der Kontrolle am wachen Tier zeigt sich eine reaktionslose Heilung der Nähte. Es wurde ein funktioneller Verschluss der Gaumenspalte erreicht, welcher der Katze eine problemlose Nahrungsaufnahme ermöglicht.

werden, was insbesondere bei der Futteraufnahme zu befürchten steht. Durch die vorübergehende Zufuhr ausschließlich flüssiger Nahrung lässt sich eine Sondenernährung jedoch zumeist vermeiden.

Zahnfehlstellungen

Zahn- und Kieferfehlstellungen sind bei der Katze deutlich seltener anzutreffen als beim Hund. In den meisten Fällen handelt es sich um Einzelzahnfehlstellungen. Ein Beispiel hierfür ist der sogenannte Lanzencaninus, ein nach vorn gekippter Oberkieferfangzahn. Kieferfehlstellungen mit Längenabweichungen von Ober- und Unterkiefer sind relativ selten, außer wenn sie den gewünschten Rassestandard darstellen, wie zum Beispiel der verkürzte Oberkiefer bei Perserkatzen.

Die Korrektur von Zahn- und Kieferfehlstellungen ist Aufgabe der Kieferorthopädie. Im Vordergrund stehen nicht primär ästhetische Aspekte, sondern die Herstellung einer funktionellen Verzahnung. Hierbei kommen Brackets, Metallbögen, Kunststoffaufbisse, Kunststoffplatten und Gummizüge zum Einsatz. Wichtig ist eine ausreichende Verankerung der kieferorthopädischen Apparaturen, denn die Katze wird zunächst alles daran setzen, die ungewohnten Geräte wieder aus der

▼ a) Durch den Steilstand des linken Unterkieferfangzahnes kommt es zum schmerzhaften Einbiss am Gaumen.

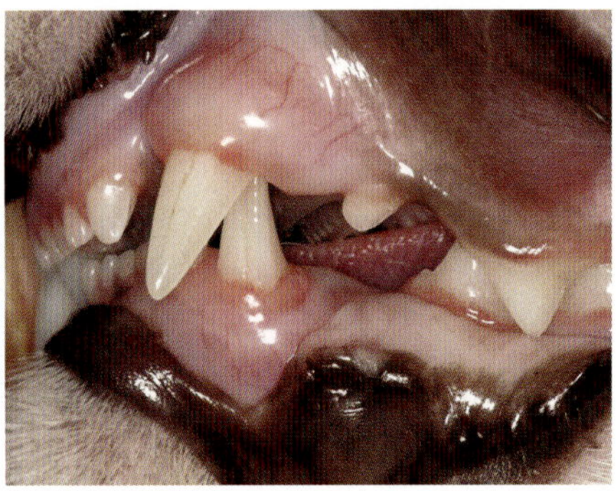

▼ b) Da eine kieferorthopädische Korrektur nicht gewünscht war, wurde eine Einkürzung des Zahnes mit Versorgung im Sinne einer Vitalamputation durchgeführt. Der Einbiss am Gaumen wurde durch die Einkürzung beseitigt.

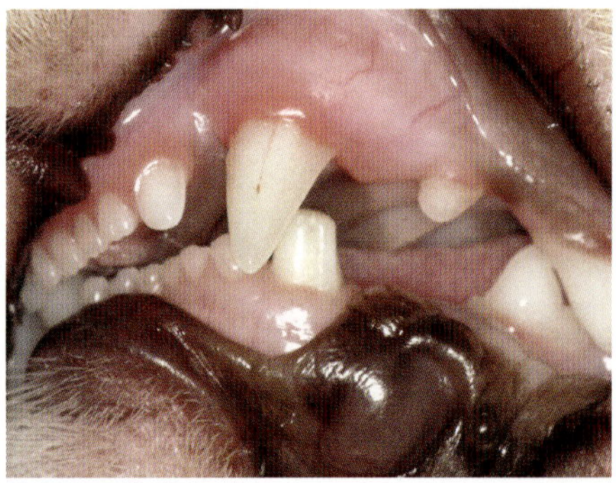

Mundhöhle zu entfernen. Ein Halskragen wird daher in vielen Fällen in der Anfangsphase der Behandlung notwendig sein, um das Scharren mit den Pfoten in der Mundhöhle zu verhindern.

Caninussteilstand

Durch einen Steilstand der Unterkieferfangzähne können am Gaumen tiefe und schmerzhafte Einbisse entstehen. Die Ursache für die Entstehung eines Caninussteilstandes kann sowohl im Erbgut liegen als auch in der gestörten Entwicklung der Zähne zu suchen sein. Zum Beispiel kann eine Bissverletzung beim Spiel mit Wurfgeschwistern die Verlagerung eines Zahnkeimes zur Folge haben. Ebenso kann ein abgebrochener Milcheckzahnvorläufer einen fehlerhaften Durchbruch des Nachfolgers hervorrufen.

Ziel der kieferorthopädischen Korrektur ist die Kippung des fehlstehenden Unterkiefercaninus in eine funktionell geeignete Position, in erster Linie in seine angedachte Stellung zwischen seitlichem Oberkieferschneidezahn und dem Oberkiefercaninus. Die Spitze des Unterkiefercaninus sollte dem Oberkiefer seitlich anliegen, ohne ihn zu verletzen.

Zur Korrektur stehen verschiedene Maßnahmen zur Verfügung. Eine Dehnschraube kann zur Auswärtsbewegung der Unterkieferfangzähne genutzt werden. Durch tägliches Aktivieren der Dehnschraube mit einem Stellschlüssel werden die Unterkieferfangzähne nach außen gedrückt. Eine Alternative ist der Einbau einer schiefen Aufbissebene im Oberkiefer. Der Kieferschluss wird hierdurch gesperrt, was wiederum zum Herumbeißen auf den schrägen Gleitflächen der Ebene stimuliert. Bei ausreichender Abschrägung und Kauaktivität werden die Unterkiefercanini in die angedachte Position geführt. Die Dauer der Behandlung hängt im Wesentlichen vom Grad der Fehlstellung ab, zumeist variiert sie zwischen zwei und sechs Wochen.

Ist eine kieferorthopädische Korrektur nicht möglich oder nicht erwünscht, kann der Einbiss am Gaumen durch die Einkürzung des Zahnes beseitigt werden. Da bei dieser Einkürzung die Pulpa in jedem Fall eröffnet wird, ist eine Versorgung im Sinne einer sogenannten Vitalamputation notwendig. Ein Teil der Pulpa wird entfernt, der Reststumpf der Pulpa mit einem Medikament versorgt und der Zahn mit einer Füllung verschlossen. Wichtig ist die röntgenologische Erfolgskontrolle nach ein paar Wochen, um die Vitalität des Zahnes beurteilen zu können.

Lanzencaninus

Ein weit nach vorn gekippter Oberkieferfangzahn schaut häufig mit der Spitze aus der Mundhöhle heraus, verletzt die Oberlippe oder führt zu Störkontakten im Kieferschluss. Durch Zugelemente wie Gummizüge oder elastische Drahtelemente kann der Zahn zurückgezogen werden. Die Befestigung eines Gummizuges erfolgt an Metallknöpfchen (Brackets), die auf die Zähne geklebt werden. Eine Verankerung ist auch an geklebten Metallbändern oder einem umlaufenden Metalldraht möglich, um die Stabilität der Konstruktion zu erhöhen. Neben einer Rückbewegung des Oberkiefercaninus wird es manchmal notwendig, den Zahn zusätzlich nach außen zu bewegen. Dies kann zum Beispiel mit einer Dehnschraube erreicht werden.

▼ a) Lanzencaninus. Der obere linke Fangzahn weist eine Kippung nach vorn und innen auf. Dadurch kommt es zum Einbiss in den Unterkiefer. Zusätzlich liegt ein deutlicher skelettaler Vorbiss des Unterkiefers vor (siehe auch nachfolgende Abbildung).

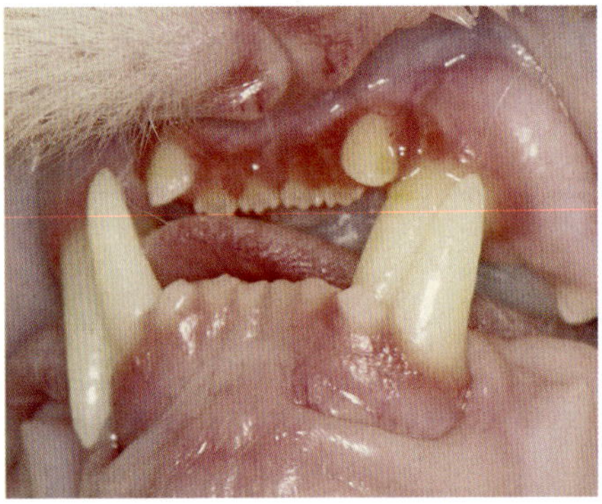

▼ b) Nach kieferorthopädischer Korrektur konnte die Fehlstellung des Oberkieferfangzahnes vollständig behoben werden.

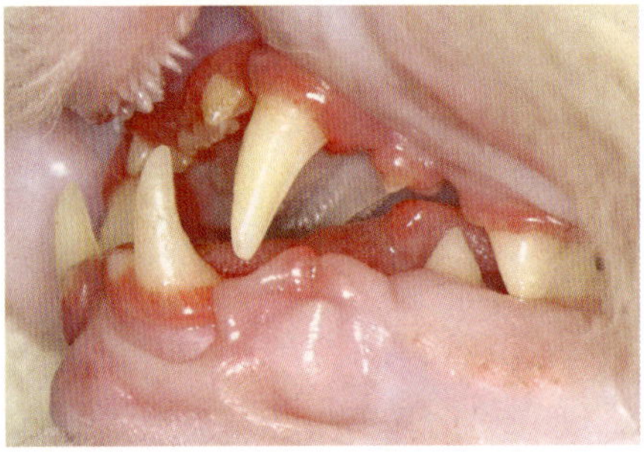

▼ c) Zur Auswärtsbewegung von engstehenden Fangzähnen kann eine Dehnschraube eingebaut werden. Die Aktivierung erfolgt durch Aufdrehen der Schraube mittels Stellschlüssel.

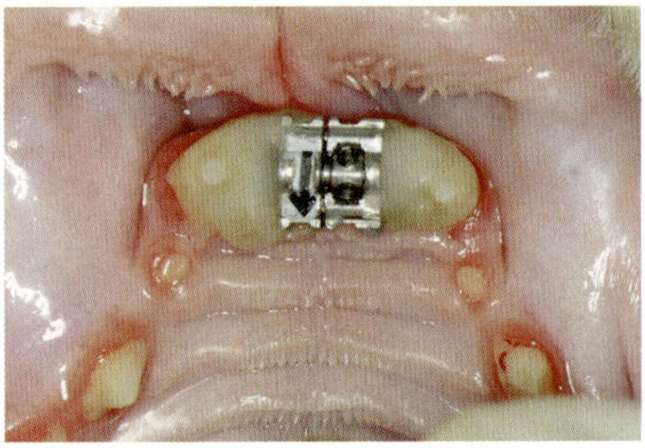

Die häufigsten Zahn- und Kiefererkrankungen der erwachsenen Katze

Zahn- und Kiefererkrankungen der erwachsenen Katze

Zahnfrakturen

Zahnfrakturen finden sich aufgrund der exponierten Stellung vor allem an den Fangzähnen. Ob bei einem Sturz, einem Gerangel mit der Nachbarskatze oder einem Autounfall, die langen Zahnkronen der Fangzähne sind für Traumata von außen am anfälligsten. Jedoch auch die beim Zerteilen von Futter funktionell stark beanspruchten Reißzähne sind häufiger betroffen. Und die Morphologie der Katzenzähne bringt es mit sich, dass eine Fraktur fast immer zur Eröffnung der Pulpa führt.

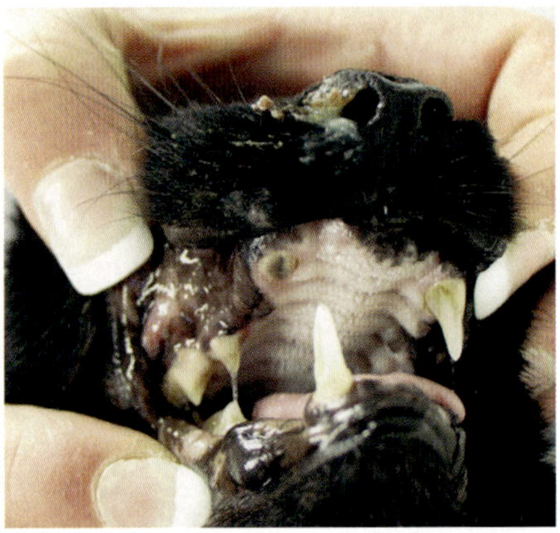

▲ Ein abgebrochener Oberkieferfangzahn hat eine Entzündung an der Wurzelspitze entwickelt. Die Entzündung der Wurzelspitze wiederum führte aufgrund der Nähe zur Nase zu einseitigem Nasenausfluss.

Und allen anderslautenden Meinungen, Einschätzungen und Gerüchten zum Trotz: Wie bei allen Individuen entwickelt sich auch bei der Katze bei einer offenen Zahnfraktur unausweichlich eine Entzündung im Zahn und im Kiefer.

Zunächst beschränkt sich die Entzündung auf die Pulpa, da sie der bakteriellen Invasion über die Eröffnungsstelle

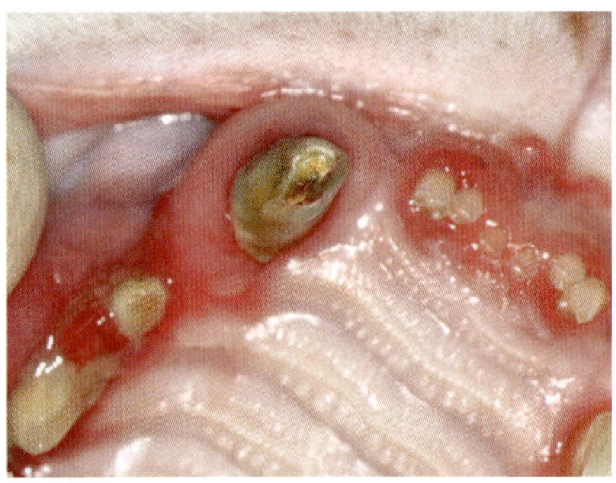

▲ a) Eine Zahnspitzenfraktur des Oberkieferfangzahnes hat ohne großen Stückverlust dennoch zur Entzündung und zum Untergang der Pulpa geführt.

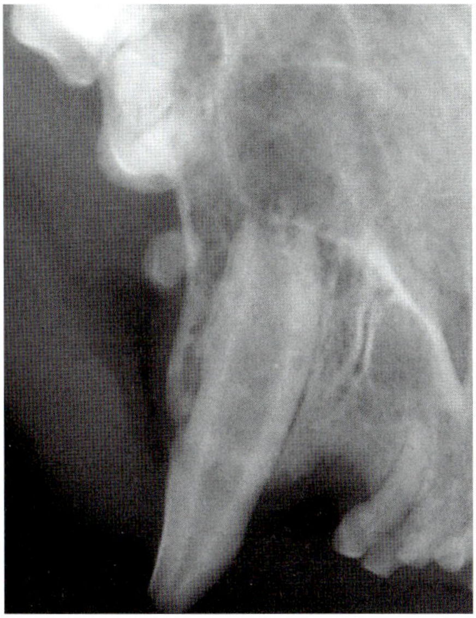

▲ b) Im zugehörigen Röntgenbild zeigt sich, dass die Wurzelspitzenbildung des Zahnes aufgrund der frühen Schädigung nicht beendet werden konnte, die Pulpa blieb weit, und um die Wurzelspitze zeigt sich eine deutliche Knochenauflösung.

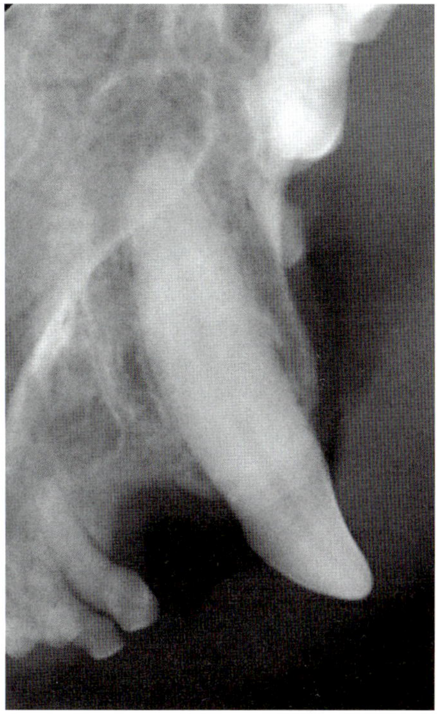

▲ c) Im Gegensatz zur ausgebliebenen Wurzelspitzenbildung der erkrankten Seite zeigt sich auf der gesunden Seite im Röntgenbild ein Fangzahn mit vollständiger Wurzelspitze und engem Wurzelkanal.

direkt ausgeliefert ist. Im Folgenden dient die Pulpa als Leitschiene für die Bakterien über den Wurzelkanal in den umliegenden Kieferknochen. Dort entsteht ein sogenannter Wurzelspitzenprozess, der sich als entzündliches Granulom, Zyste oder eitriger Abszess präsentieren kann.

Es ist lediglich von der Abwehrlage des Tieres abhängig, wie schnell oder langsam die Entzündung fortschreitet, vorhanden ist sie zu jedem Zeitpunkt. Anfänglich ist sie auf den Bereich um die Wurzelspitze beschränkt, breitet sich jedoch im Laufe der Zeit und insbesondere bei schlechter Abwehrlage immer weiter aus.

Wird die Fraktur des Zahnes vom Besitzer nicht bemerkt, bleibt der im Knochen wachsende Prozess so lange

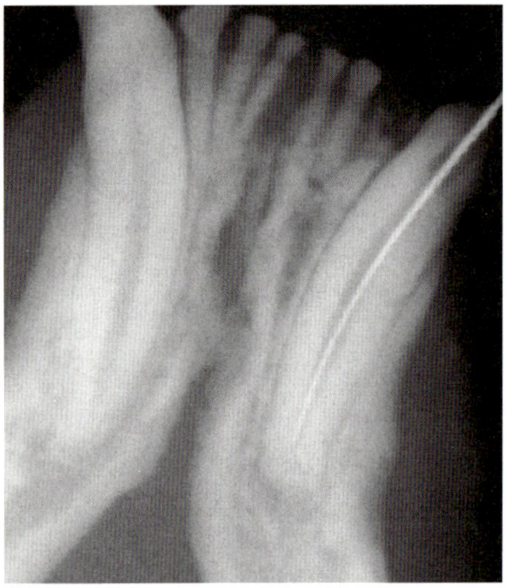

▲ a) Begrenzte Wurzelspitzenentzündung nach Zahnfraktur des Unterkieferfangzahnes. Am abgebrochenen Zahn mit Pulpaeröffnung (mit Feile) zeigt sich im Gegensatz zur gesunden Seite eine deutliche Reaktion um die Wurzelspitze mit Auflösung von Knochen.

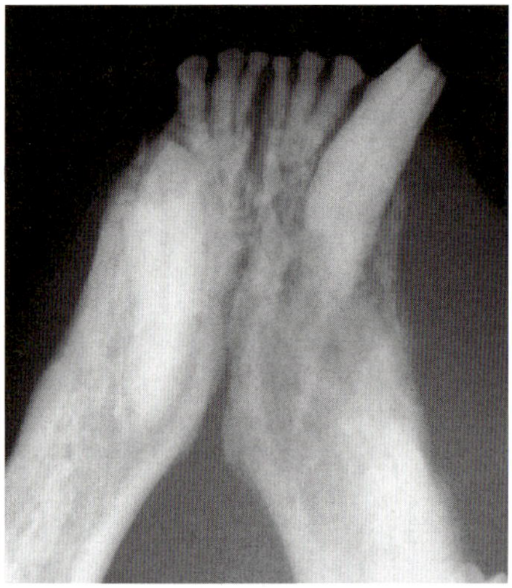

▲ b) Ausgedehnte Wurzelspitzenentzündung nach Zahnfraktur des Unterkieferfangzahnes. Nach Untergang der Pulpa infolge einer Zahnfraktur ist die Wurzel im Rahmen eines Entzündungsgeschehens fast vollständig aufgelöst worden. Um den ebenfalls frakturierten anderen Unterkieferfangzahn hat sich bisher noch keine deutliche Knochenauflösung entwickelt.

unentdeckt, bis er über eine Schmerzsymptomatik, durch eine »dicke Backe« oder durch eine Fistel mit Abfluss von entzündlicher Flüssigkeit auch von außen auffällig wird.

▼ Die Entzündung einer Wurzelspitze hat zu einer Fistelung mit Ablauf von entzündlichem Exsudat über die Haut unterhalb des Auges geführt.

Zusammengefasst bedeutet dies:

- Bei einem abgebrochenen Zahn mit offener Pulpa entwickelt sich immer eine Entzündung.
- Bleibt diese Entzündung unbehandelt, stirbt die Pulpa ab.
- Nachfolgend wird der Kieferknochen in den Entzündungsprozess miteinbezogen.
- Bis auf die Zahnfraktur selbst bleiben alle sich weiter entwickelnden Entzündungsvorgänge so lange unentdeckt, bis eine Schwellung oder Fistel auftaucht.
- Will man unnötige Schmerzen, ein fortschreitendes Entzündungsgeschehen und eine Belastung anderer Organe wie Herz, Leber und Nieren für sein Tier vermeiden, muss jeder abgebrochene Zahn versorgt werden.

Zur Behandlung eines abgebrochenen Zahnes mit offener Pulpa stehen zwei Optionen zur Verfügung:

▼ Die Entzündung des Zahnes ist so weit fortgeschritten, dass sogar das Auge der betroffenen Seite miteinbezogen wurde.

- die Wurzelbehandlung mit Entfernung der Pulpa und Legen einer dichten Wurzelfüllung oder
- die Extraktion (Entfernung) des Zahnes

Das Belassen des Zahnes dagegen führt unweigerlich zu einer ausufernden Entzündung, die auch immer mit Schmerzen verbunden sein wird.

Woran erkenne ich nun, dass es zu einer Eröffnung der Pulpa gekommen ist? Jede Blutung aus dem Zahn ist ein definitiver Hinweis darauf, dass die Pulpa betroffen ist. Ebenso ist eine Öffnung auf der Frakturfläche ein eindeutiges Zeichen für die Eröffnung der Pulpa, auch wenn es aus dem Zahn selbst nicht mehr blutet.

▼ Frische Fraktur eines Fangzahnes mit Eröffnung der Pulpa, die als roter Punkt auf der Frakturfläche zu sehen ist.

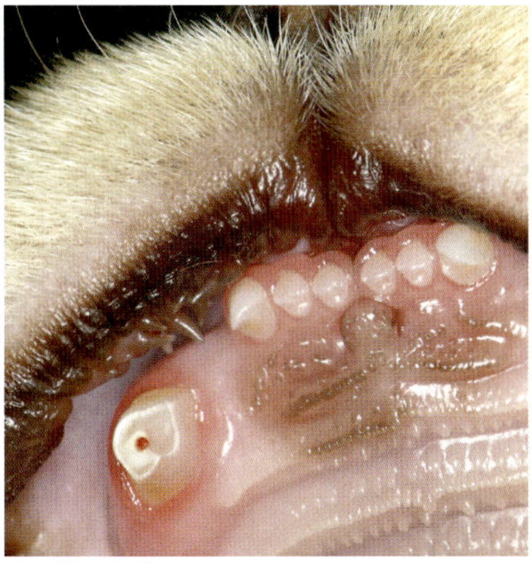

Mit einem spitzen Instrument kann der Tierarzt im Verdachtsfall die Frakturfläche sondieren, um eine Eröffnung zu ertasten. Bei einer abgestorbenen Pulpa selbst kann kein Schmerzreiz gesetzt werden, auf eine Sondierung an einer vitalen und entzündeten Pulpa sollte dagegen verzichtet werden, da nach dem Gesetz actio = reactio fulminante Reaktionen des Tieres ausgelöst werden können.

Wurzelbehandlung

Bevor man sich für eine Erhaltung des abgebrochenen Zahnes entscheidet, wird eine Zahnröntgenaufnahme notwendig, um die Situation der Zahnwur-

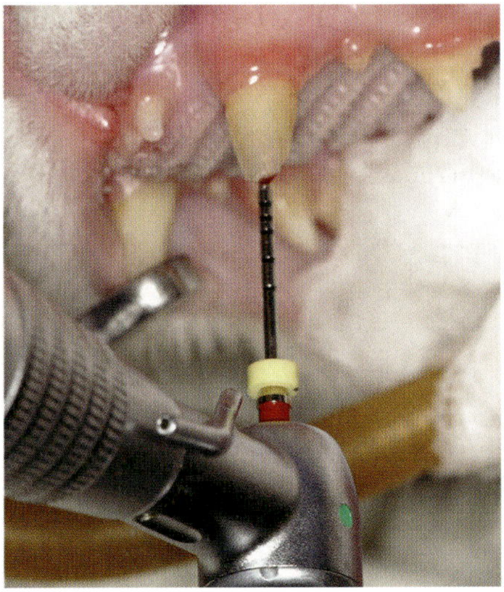

▲ b) Neben Handfeilen können auch maschinelle Aufbereitungsverfahren in der Wurzelbehandlung zum Einsatz kommen. In diesem Fall wird eine rotierende Feile im langsamtourigen Winkelstück genutzt.

▼ a) Mit einer spitzen Wurzelkanalfeile wird die Eröffnung der Pulpa festgestellt. In ähnlicher Weise wird der Wurzelkanal mit Wurzelkanalfeilen so weit gereinigt und geformt, dass eine Wurzelfüllung gelegt werden kann.

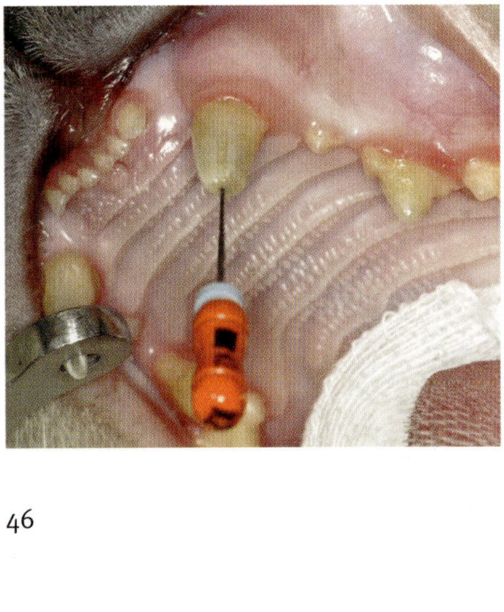

▼ c) Nach Legen der Wurzelfüllung wird diese mittels Röntgenbild auf ihre Dichtigkeit geprüft.

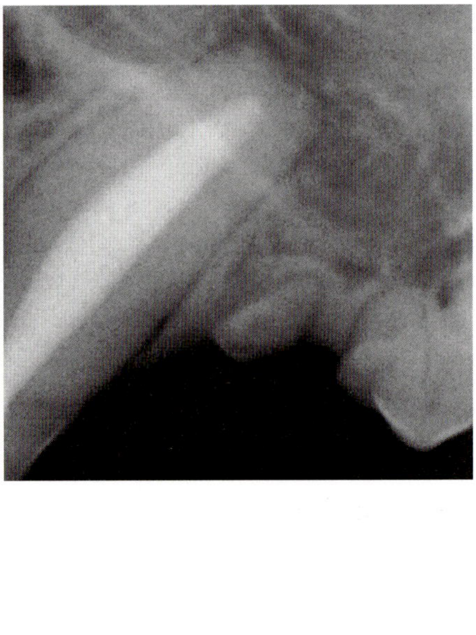

zel und damit die Erhaltungsfähigkeit des Zahnes beurteilen zu können.

Mit speziellen Wurzelfeilen wird der Wurzelkanal von Geweberesten der Pulpa gereinigt. Durch desinfizierende und Gewebe auflösende Spülungen wird die Reinigung des Kanals unterstützt. Durch Anwendung aufsteigender, immer größer werdender normierter Instrumente bekommt der Kanal eine konische Form, die das Legen einer Wurzelfüllung erst ermöglicht.

Nach Abschluss der Formgebung wird der Kanal getrocknet und anschließend mit Wurzelfüllpaste und Guttaperchastiften (kautschukartiges Material) gefüllt und verdichtet. Die Dichtigkeit und Vollständigkeit der Wurzelfüllung bis zur Wurzelspitze wird wiederum mittels einer Zahnröntgenaufnahme kontrolliert.

War die Wurzelbehandlung erfolgreich, erfolgt der Abschluss der Behandlung durch Legen einer Deckfüllung. Diese dient nicht zum Wiederaufbau des Zahnes in seiner ursprünglichen Form, sondern zum dichten Verschluss der Zahnkrone. Geeignet sind vor allem zahnfarbene Kunststoffmaterialien (Komposite), die nach Modellation direkt mit einer Polymerisationslampe ausgehärtet werden. Danach ist die Füllung sofort belastungsstabil. Schlussendlich wird die Füllung durch Politur auf Hochglanz gebracht.

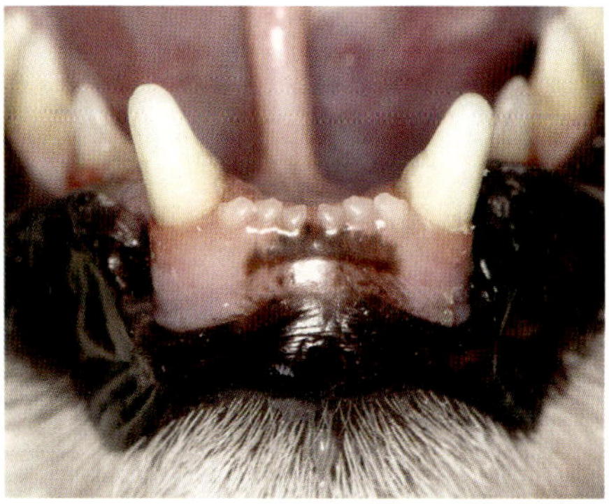

▲ Nach Abschluss der Wurzelfüllung wird der Zahn mit einer Deckfüllung verschlossen. Zumeist kommt wie an diesen beiden Unterkieferfangzähnen zahnfarbener Komposit (Kunststoff) zum Einsatz, der nach Aushärtung direkt belastbar ist.

Die Konsequenzen einer Eröffnung der Pulpa sind für alle Zähne gleich. So stehen auch für die Behandlung einer Zahnfraktur an den Backenzähnen nur die Extraktion oder die Wurzelbehandlung zur Verfügung. Die Mehrwurzeligkeit macht den Unterschied zur Wurzelbehandlung eines Fangzahnes aus, da aufgrund eines gemeinsamen Pulpasystems immer alle Wurzelkanäle eines Zahnes behandelt werden müssen. Steht die Wiederherstellung der Kronenform im Vordergrund, so sollte an das Anfertigen einer künstlichen Krone aus Metall, Kunststoff oder Keramik gedacht werden, die auf den vorher zu präparierenden Zahnstumpf zementiert wird.

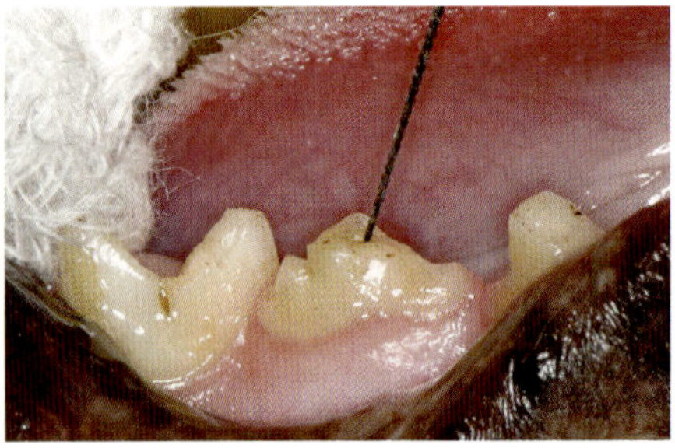

▲ a) Die Wurzelbehandlung an einem kleinen Backenzahn gestaltet sich aufgrund des Substanzverlustes an der Krone relativ schwierig, ist aber ebenso möglich wie an einem Fangzahn. Wird bei einem abgebrochenen Zahn die Erhaltung gewünscht, ist die Wurzelbehandlung die einzige Option.

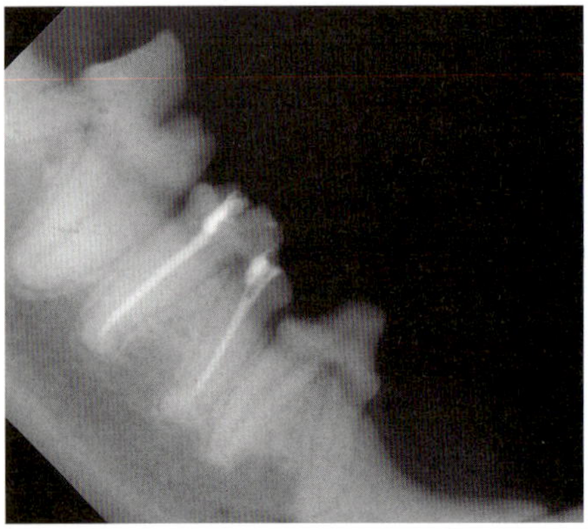

▲ b) Auch in diesem Fall ist eine röntgenologische Kontrolle der Wurzelfüllung obligatorisch.

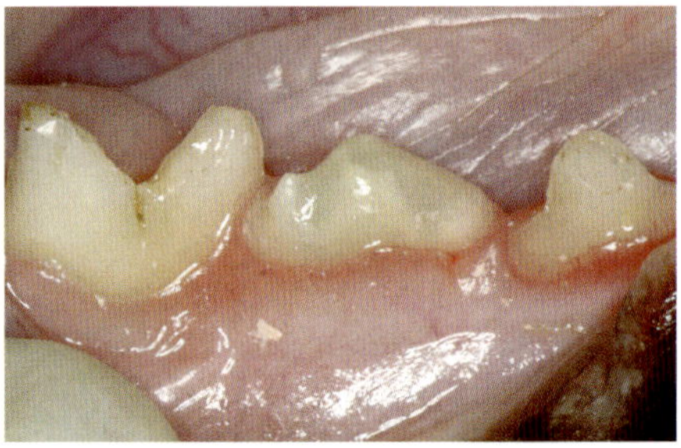

▲ c) Die beiden Zugänge werden mit Komposit aufgefüllt.

Vitalamputation

Eine normale Wurzelbehandlung setzt voraus, dass der betroffene Zahn eine abgeschlossene Wurzelbildung aufweist und somit eine Wurzelspitze besitzt. Diese bildet sich jedoch erst gegen Ende des Wurzelwachstums, an den Fangzähnen mit ca. dem 10. Lebensmonat. Tritt die Fraktur des Zahnes vorher ein, kann bei schneller Versorgung eine Sonderform der Wurzelbehandlung, die Vitalamputation, erfolgen: Der koronale exponierte Teil der Pulpa wird mit scharfem, rotierendem Instrumentarium entfernt. Nach Blutstillung wird der verbliebene Pulpastumpf mit einem Medikament abgedeckt und der Zahn mit einer Füllung verschlossen. Durch das Medikament, zumeist Kalziumhydroxid, wird eine »sterile« Umgebung für die verbliebene Pulpa geschaffen und die Dentinbildung angeregt.

Da die Pulpa jedoch Eingriffe dieser Art nicht immer toleriert, muss in den ersten Monaten eine röntgenologische Kontrolle erfolgen, um die Vitalität des Zahnes zu überprüfen. Die Behandlung gilt als erfolgreich, wenn der Zahn eine kontinuierliche Weiterentwicklung mit natürlicher Wurzelentwicklung zeigt. Noch besser ist die Abschottung der Pulpa gegen die medikamentöse Auflage durch Bildung einer Dentinbrücke direkt unterhalb des Kalziumhydroxids. Eine einzige Röntgenkontrolle ein oder zwei Monate nach der Behandlung sollte jedoch nicht dazu verleiten, in jedem Fall von der Dauerhaftigkeit des Erfolges auszugehen, da es auch nach längerer Zeit noch zum Absterben der Pulpa kommen kann.

Apexifikation

Ist die Pulpa eines abgebrochenen Zahnes ohne Wurzelspitze bereits abgestorben oder ist die Vitalamputation nicht erfolgreich verlaufen, bleibt neben der Entfernung des Zahnes nur noch eine Möglichkeit, den Zahn zu erhalten: die sogenannte Apexifikation. Ähnlich wie bei der natürlichen Wurzelspitzenentstehung, der Apexogenese, versucht diese therapeutische Maßnahme, durch Reizsetzung einen hartgeweblichen Verschluss der Wurzel zu erreichen. Hierzu muss die gesamte Pulpa vorsichtig aus dem bereits vorhandenen Wurzelanteil entfernt werden und der Hohlraum mit einer Einlage aus zumeist Kalziumhydroxid aufgefüllt werden. Der basische Charakter des Kalziumhydroxids spornt geeignete Zellen im Wurzelspitzenbereich (Odontoblasten, Osteoblasten, Zementoblasten) zur Produktion von Hartgewebe an. Zeigt sich im Röntgenbild die Ausbildung einer künstlichen Wurzelspitze, wird das Kalziumhydroxid wieder entfernt und eine konventionelle Wurzelfüllung angeschlossen, um eine ausreichende Dichtigkeit zu erzielen.

Entfernung von Wurzelresten

Unter das Thema abgebrochene Zähne fallen auch Wurzelreste. Dabei handelt es sich um Überbleibsel abgebrochener Zähne, die gleichfalls eine Entzündung des umgebenden Knochens und Weichgewebes verursachen können. Aufgrund des gravierenden Substanzverlustes des ursprünglichen Zahnes sind Wurzelreste schon aus funktioneller Sicht nicht erhaltungswürdig. Als ständiger Entzündungsherd sind sie jedoch sehr aktiv und sollten zur Schmerzbeseitigung, zur Eliminierung der Entzündung und zur Vermeidung einer weiteren Belastung des Körpers entfernt werden. Wurzelreste können versteckt im Knochen unter geschlossener Mundschleimhaut lange Zeit unentdeckt bleiben, oder sie spießen durch das Zahnfleisch in die Mundhöh-

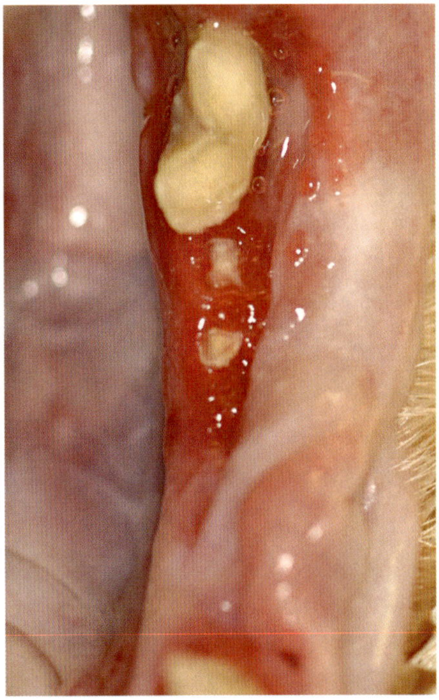

▲ a) Verbliebene Wurzelreste des vierten Prämolaren im Unterkiefer links haben zu einer heftigen Entzündung des umgebenden Zahnfleisches geführt.

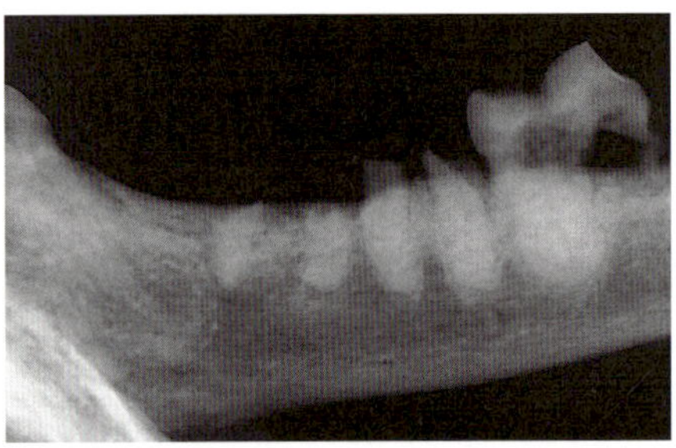

▲ b) Neben den offensichtlichen Wurzelresten des vierten Prämolaren finden sich im zugehörigen Röntgenbild Wurzelreste des dritten Prämolaren sowie eine deutliche Auflösung am Reißzahn.

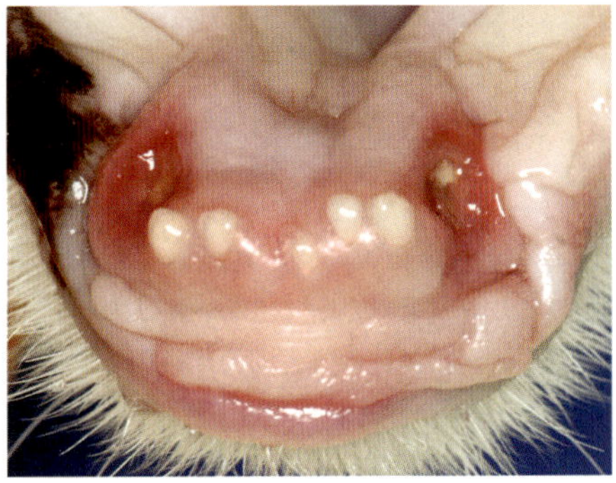

▲ a) Tief abgebrochene Fangzähne, gesäumt von hochgradig gerötetem und entzündetem Zahnfleisch.

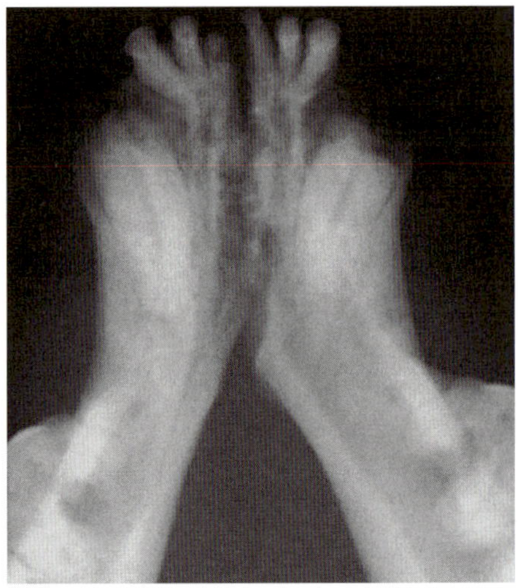

▲ b) Im zugehörigen Röntgenbild zeigen sich zwei vollständig erhaltene Wurzelreste, die entfernt werden müssen.

le durch. Die Entzündung des Zahnfleisches um durchspießende Wurzelreste ist in der Regel sehr ausgeprägt. Versteckte Wurzelreste dagegen benötigen Zeit, bis das entzündliche Geschehen so weit fortgeschritten ist, dass die Symptome von außen in Form einer Schwellung oder Fistelung deutlich werden.

Die Behandlung besteht in sorgfältiger Lokalisierung aller Wurzelreste mittels Zahnröntgenaufnahmen und deren vollständiger Entfernung nach Aufklappung der Schleimhaut und Entfernung des bedeckenden Knochens. Nach Extraktion der Wurzelreste wird die Schleimhaut über dem Defekt wieder verschlossen. Aufgrund des schnellen Zellumsatzes der Mundschleimhaut zeigt sich in der Regel bereits nach 10 Tagen eine gute Wundheilung. Die Entfernung von Wurzelresten unterscheidet sich in der Vorgehensweise nicht deutlich von der normalen chirurgischen Zahnextraktion bei der Katze, lediglich das Auffinden der häufig sehr kleinen Wurzelreste erschwert die Behandlung.

Erkrankungen des Zahnhalteapparats

Das häufigste Problem der Katze sind Erkrankungen des Zahnhalteapparats. Vier von fünf Tieren sind hiervon betroffen. Viele dieser Erkrankungen beginnen schon früher, als allgemein angenommen wird. Die Sonderform bei der jungen Katze, die feline juvenile Parodontitis, haben wir bereits im vorangegangenen Kapitel behandelt (siehe S. 33).

Die normale Parodontitis kommt schleichend. Allerdings finden sich auch hier bereits bei zweijährigen Katzen Krankheitssymptome, die unbehandelt bereits im mittleren Alter von fünf Jahren zu einer deutlichen Beeinträchtigung des Parodonts führen. Die Schmerzhaftigkeit der Parodontitis des erwachsenen Tieres ist wechselnd, meistens jedoch moderat. Daher werden diese Tiere auch lange Zeit unauffällig bleiben, obwohl es zu einer unwiederbringlichen Zerstörung des Zahnhalteapparates gekommen ist.

Bei aggressiven Parodontitisformen kann in kürzester Zeit ein Rückgang von Kieferknochen und Zahnfleisch beobachtet werden, obwohl sich nicht einmal besonders viel Zahnstein oder Zahnbelag feststellen lassen. Die Aggressivität dieser Parodontitisform lässt die Tiere schnell auffällig werden.

Die schwerste Form einer Parodontitis ist ihre nekrotisierende Form. Sie tritt in der Regel in Kombination mit einer

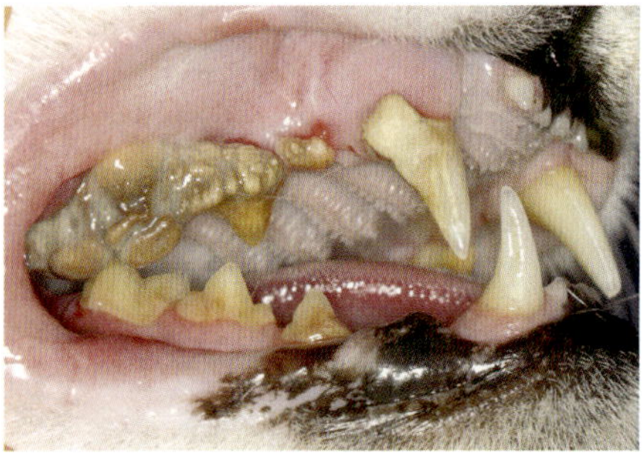

▲ a) Bei einer chronischen Parodontitis finden sich viele Beläge und Zahnstein. Im Bereich des Fangzahnes hat sich das Zahnfleisch teilweise zurückgebildet, im Backenzahnbereich ist der Zustand der Zähne und des Zahnfleisches ob der Menge an Zahnstein nicht einmal beurteilbar.

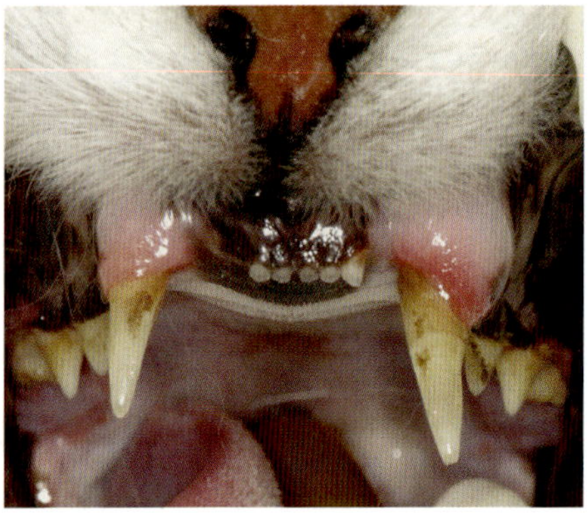

▲ b) Aufgrund einer parodontalen Schädigung hat sich der linke Oberkieferfangzahn zum Teil aus seinem Zahnfach herausgeschoben.

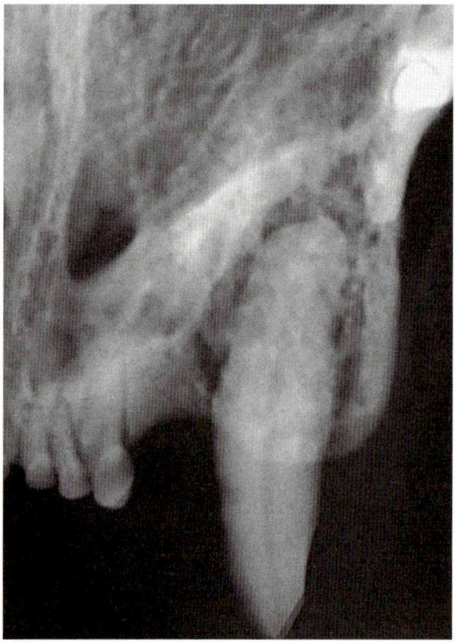

▲ c) Im zugehörigen Röntgenbild zeigt sich eine deutliche Knochenauflösung um die Wurzel herum.

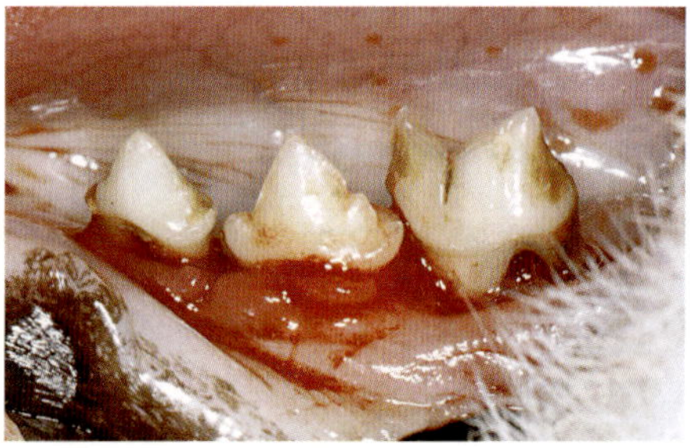

▲ Ein rascher Rückgang von Zahnfleisch und Kieferknochen bei nur wenig Zahnbelag ist ein typisches Charakteristikum einer aggressiven Parodontitis.

schweren Grunderkrankung auf, die den Körper in der Allgemeingesundheit bereits deutlich geschwächt und unter anderem auch die Mundhöhle miterfasst hat. Zahnfleischgewebe zerfällt regelrecht, massive Blutungen können ebenso auftreten wie das Absterben von Alveolarknochen. Im Gegensatz zu den anderen Formen der Parodontalerkrankungen besteht die Behandlung hier vordringlich in der Bekämpfung der Grunderkrankung.

Und was ist verantwortlich für die beschriebenen Erkrankungsformen der Parodontitis? Nicht der Zahnstein. Sondern die Bakterien in den weichen Belägen. Zwar steuert das Immunsystem seinen Beitrag zur Ausprägung der Erkrankung bei, die Ursache sind und bleiben jedoch die bakteriellen Beläge. Dies eröffnet aber zugleich alle Möglichkeiten zur Vorbeugung. Ist eine effiziente Zahnpflege mit Entfernung der bakteriellen Beläge durch Zähneputzen möglich, ist auch die Vermeidung der Parodontitis möglich.

▼ Im Rahmen einer nekrotisierenden Parodontitis kommt es unter anderem zum Absterben von parodontalem Knochen.

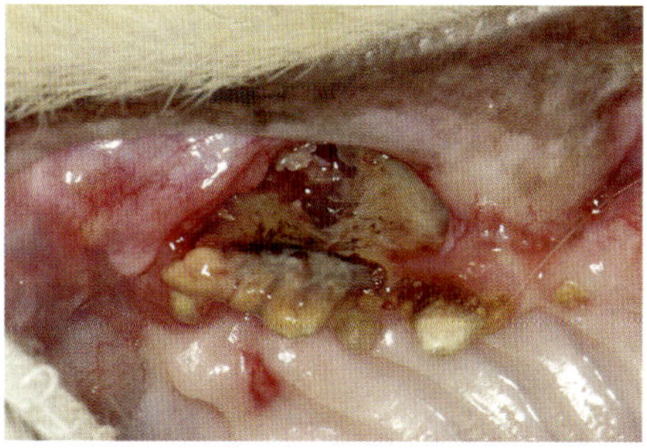

▼ Zahnhalteapparat. Die Zahnwurzel (a) ist von Zement (b) bedeckt. Die Zahnhaltefasern (c) sind zum einen im Zement, zum anderen im Kieferknochen (d) befestigt und stellen damit einen Aufhängeapparat für den Zahn in seinem Zahnfach (Alveole) dar. Der Verschluss des Parodontalspaltes zur Mundhöhle wird durch spezialisierte Schleimhautzellen (e) des Zahnsulkus gewährleistet (Saumepithel).

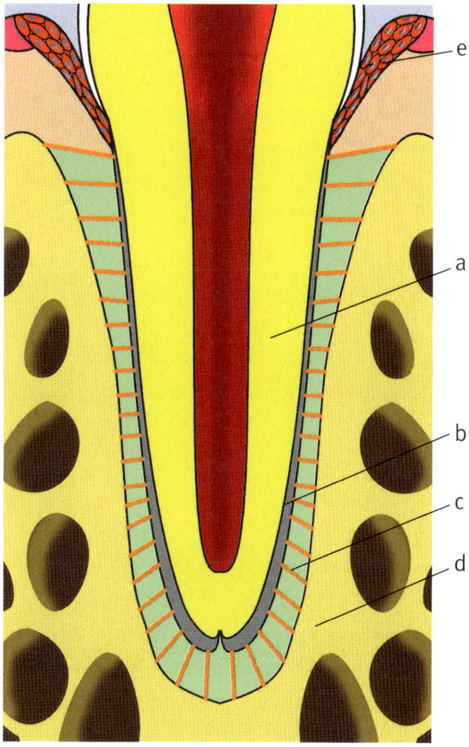

Um Veränderungen beurteilen zu können, müssen wir uns die beteiligten Strukturen im Gesamtzusammenhang ansehen: Der parodontale Zahnhalteapparat besteht aus Zahnfleisch (Gingiva), Wurzelzement, Kieferknochen und Parodontalfasern.

Die Gingiva wird in die freie und befestigte Gingiva unterschieden. Die freie Gingiva ist relativ lose über einen »Klebemechanismus« mit dem Zahn im Bereich der Schmelzzementgrenze verbunden und bildet den freien oberen Rand des Zahnfleisches, daher auch die Benennung »freie« Gingiva. Dagegen ist die befestigte Gingiva fest über Bindegewebsfasern im Alveolarknochen verankert, dadurch viel derber und weniger anfällig. Insgesamt betrachtet hat die Katze meist nur eine schmale Zone echtes Zahnfleisch, welches an der Mukogingivallinie in die lockere Mundschleimhaut übergeht. Die Höhe des Zahnfleisches hat nichts mit der allgemeinen Mundgesundheit zu tun, allerdings können Prozesse, die einen Rückgang des Zahnfleisches herbeiführen, schneller zu dessen völliger Zerstörung gelangen.

Der Wurzelzement ist dem Wurzeldentin aufgelagert und wird lebenslang von den darin beziehungsweise darauf gelegenen Zementoblasten gebildet. Im Wurzelzement sind die Parodontalfasern befestigt, die Zahnwurzel und Alveolarknochen miteinander verbinden.

Der Alveolarknochen ist für die stabile Verankerung der Zähne verantwortlich. Über die Parodontalfasern steht er mit der Wurzel in Verbindung. Die Aufhängung des Zahnes im Zahnfach über Fasern nennt sich Thekodontie.

Der Wurzelspalt respektive Parodontalspalt ist bei der Katze sehr dünn und hat ein wenig Sanduhrform. Das heißt, er ist im mittleren Teil der Wurzel am schmalsten. Mit zunehmendem Alter wird der Spalt immer enger. Neben den Zahnhaltefasern finden sich im Parodontalspalt zusätzlich Gefäße, Nervenfasern und freie Zellen. Der Zahn ist gegen Zug, Druck und Rotation in seiner Alveole gesichert, eine Veränderung wird über die sensiblen Nervenfasern ans Gehirn gemeldet. Die Möglichkeit zur Bewegung des Zahnes im Kieferknochen ist notwendig zur Kompensation der vielfältigen Kräfte, die auf die Zähne einwirken. Bei einer starren Verankerung wäre die Gefahr einer Fraktur ungleich höher, wie sich zum Beispiel bei den felinen odontoklastischen resorptiven Läsionen zeigt (siehe S. 64).

Von diesen vier Strukturen Zahnfleisch, Wurzelzement, Alveolarknochen und Parodontalfasern ist lediglich der Ent-

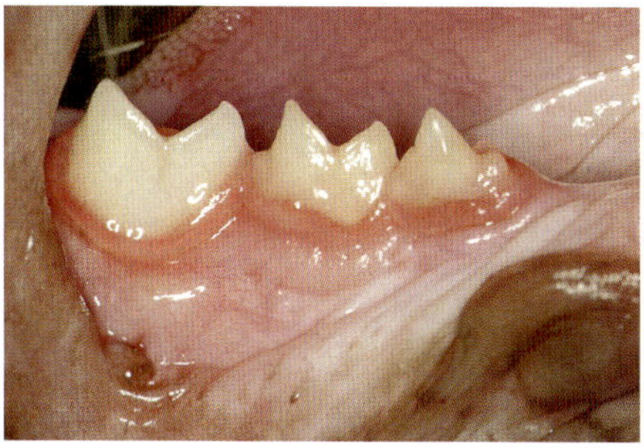

▲ Eine Entzündung des Zahnfleisches bezeichnet man als Gingivitis. Das Zahnfleisch geht an der Mukogingivallinie in die lockere Mundschleimhaut über. Eine Gingivitis ist im Gegensatz zu einer Parodontitis reversibel.

zündungsgrad des Zahnfleischs in der Mundhöhle ohne zusätzliche diagnostische Verfahren zu beurteilen. Alles Weitere spielt sich in der Tiefe des Gewebes ab, sodass durch alleiniges Draufschauen keine genauere Diagnose möglich ist.

Am Zahnfleisch beginnt allerdings auch der parodontale Erkrankungsprozess. Aufgrund dickerer Zahnbeläge verbessern sich die Lebensbedingungen für schädliche Bakterien. Ausgehend von den Belägen auf der Zahnoberfläche gelangen Stoffwechselprodukte der Bakterien und Bakterien selbst in den Zahnsulkus zwischen Zahn und freiem Zahnfleischrand. Mit steigender Belagsdicke und Eindringen in den Sulkus fühlen sich Bakterien, die nur wenig Sauerstoff benötigen, immer wohler. Fatalerweise gehören gerade diese Bakterien zu den schädigenden, zerstörerischen Bakterienspezies (gramnegative

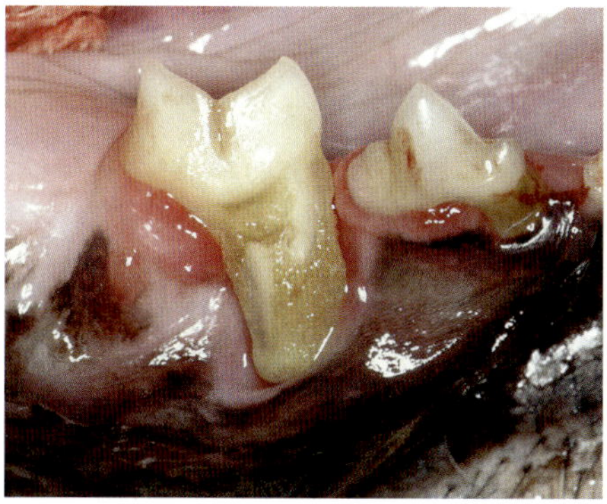

▲ a) Im Rahmen einer parodontalen Entzündung kann es zum Rückgang von Zahnfleisch und Alveolarknochen kommen, sodass die Zahnwurzel sichtbar wird.

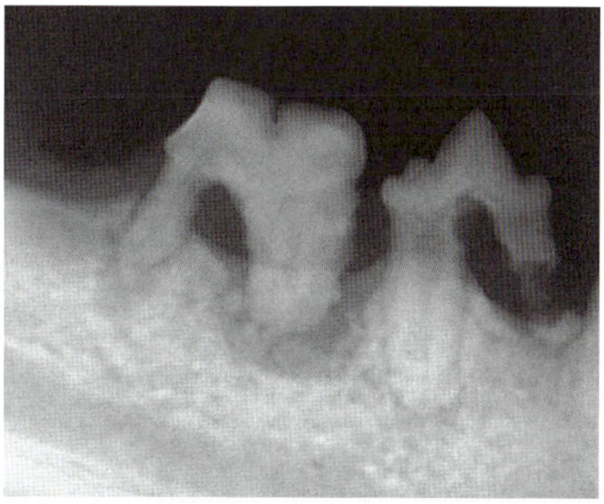

▲ b) Im zugehörigen Röntgenbild sieht man den deutlichen Knochenabbau um die Wurzel des Reißzahnes. Am Prämolaren davor ist es neben Knochenabbau zusätzlich zu Auflösungserscheinungen an der Wurzel gekommen.

Anaerobier). Diese Bakterien formen den Zahnsulkus, der im gesunden Zustand zwischen 0,5 Millimeter und 1 Millimeter tief ist, in eine variabel tiefe, krankhafte Zahnfleischtasche um. Je nach Ausmaß der parodontalen Erkrankung kann die Wurzel bis zur Wurzelspitze und darüber hinaus erfasst werden.

Die Bakterien lösen zunächst die Anheftung der freien Gingiva am Zahn im Übergang vom Schmelz zum Wurzelzement. Erst nach Etablierung in der entstehenden Zahnfleischtasche werden die parodontalen Haltefasern aufgelöst und der Alveolarknochen angegriffen.

▼ Bei einer Pseudotasche (links) nimmt die Taschentiefe durch Wucherung des Zahnfleisches zu, wohingegen die Taschentiefe bei einer echten parodontalen Tasche (rechts) durch Abbau von Parodontalfasern und Alveolarknochen zunimmt.

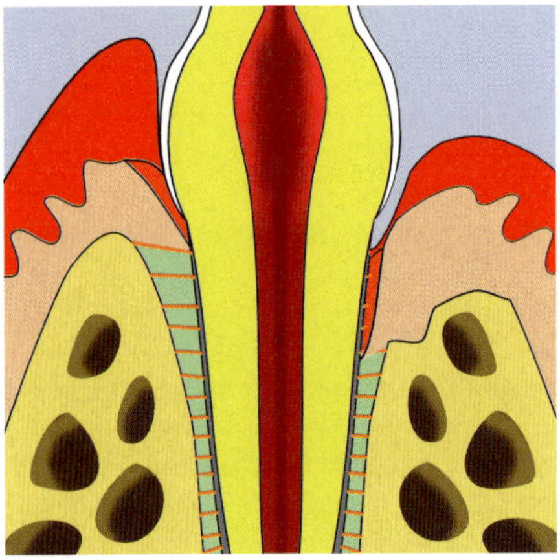

Somit wird im Verlauf der Erkrankung aus einer reinen Zahnfleischtasche eine Knochentasche.

Ungünstigerweise steuert der Körper seinen Teil zur Zerstörung bei, da viele körpereigene Entzündungsmechanismen die Erkrankung nicht wie gewünscht stoppen, sondern den Bakterien durch Auflockerung des Gewebes die Arbeit noch erleichtern.

Die Mundhöhle beherbergt immer eine Vielzahl von Bakterien, die bei stabilen

▼ Asymmetrisch angelagerter Zahnstein wie in diesem extremen Fall findet sich zumeist dann, wenn aufgrund von Schmerzhaftigkeit eine Kieferseite nicht mehr genutzt wird.

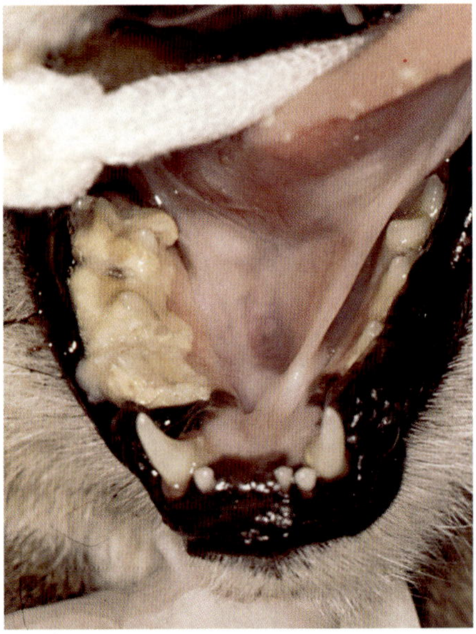

Info

Plaque, Zahnstein & Co.

- **Plaque** besteht aus weichen Zahnbelägen, die Futterreste, Speichel und vor allem Bakterien enthalten. Wird diese Plaque nicht entfernt, wächst die Belagsdicke und verbessert die Lebensbedingungen für schädigende Bakterien.
- Nach einiger Zeit kommt es zur Auskristallisierung von verschiedenen Bestandteilen der Plaque, sodass diese aushärtet und sich zu **Zahnstein** umwandelt.
- Analog zur Bildung von Zahnstein an der Zahnkrone entstehen auf der Zahnwurzel zusätzlich sogenannte **Konkremente**. Dabei handelt es sich um besonders fest haftende harte Auflagerungen, die aus Salzen, Zellresten und Blutbestandteilen bestehen. Da die Wurzeloberfläche im Gegensatz zum Zahnschmelz eine sehr raue Oberfläche besitzt, können sich Plaque, Zahnstein und Konkremente dort viel besser verkrallen und sind dadurch nur sehr schwer zu entfernen.

Verhältnissen keine Erkrankung auslösen und als sogenannte opportunistische Mundflora bezeichnet werden. In den allermeisten Fällen ist eine gute Mundhygiene völlig ausreichend, um eine Verschiebung innerhalb der Bakterien hin zu krankmachenden Spezies zu vermeiden.

Findet sich letztlich ein Rückgang des Zahnfleischs, ist die parodontale Erkrankung schon weit fortgeschritten. Denn bevor sich das Zahnfleisch zurückzieht, ist der Knochen, der normalerweise die Zahnwurzeln bedeckt, bereits verschwunden. Er wurde im Rahmen der Entzündung, für das Auge nicht sichtbar, abgebaut, bevor das Zahnfleisch begann, sich zurückzuziehen.

Eine Zahnlockerung oder im Extremfall sogar der Zahnverlust ist das Endstadium einer parodontalen Erkrankung. Jedoch sollte man keine Augenwischerei betreiben und auf die Selbstheilungskräfte des Körpers vertrauen, welche

▼ Bei dieser Katze zeigt sich eine weit fortgeschrittene Parodontitis. Der Kieferknochen ist bis fast an die Wurzelspitze abgebaut, das Zahnfleisch hat sich weit zurückgebildet, die Wurzeln liegen frei.

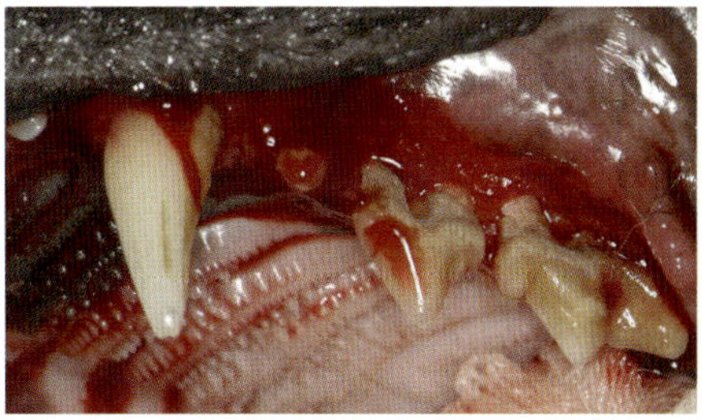

die erkrankten Zähne eliminieren. Der selbsttätige Verlust eines irreversibel geschädigten Zahnes beschränkt sich in der Regel auf Zähne mit sehr kleiner Wurzeloberfläche, also zumeist auf die einwurzeligen Schneidezähne. Nur in seltenen Fällen fallen auch mehrwurzelige Backenzähne oder Fangzähne mit ihrer großen Wurzel aus. Somit verbleiben viele Zähne in ihrem Zahnfach, obwohl eine Reparatur oder Rettung des Zahnes nicht mehr möglich ist. Solche Zähne sind ausschließlich als ständiger Entzündungsherd zu betrachten, der jeden Tag zu einer Belastung des gesamten Körpers führt. Nachgewiesenermaßen finden sich Schädigungen und Defekte durch die Bakterien selbst beziehungsweise durch die entstehenden Entzündungsprodukte an den Herzklappen, den Nieren, der Leber, der Lunge und den Gelenken. Neben der Schmerzhaftigkeit einer entzündlichen Mundhöhle steht bei einer parodontalen Erkrankung auch die Schädigung des gesamten Organismus im Vordergrund.

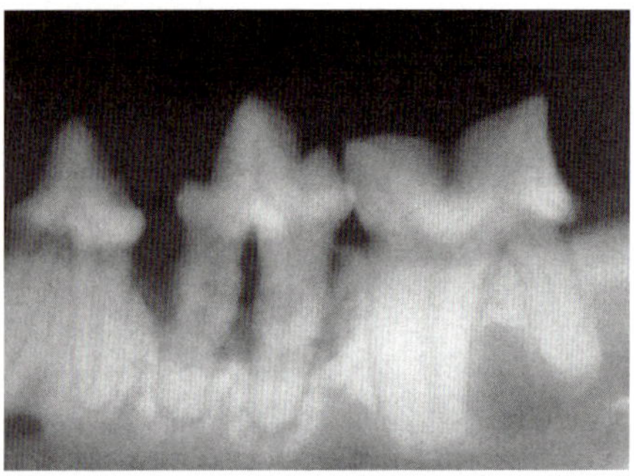

▲ Eine Parodontitis muss nicht alle Zähne eines Gebisses betreffen, es kann auch zum Befall nur einzelner Zähne kommen. Der vierte Prämolar des linken Unterkiefers dieser Katze zeigt eine Knochentasche bis an die Wurzelspitzen, wohingegen die benachbarten Zähne keinen Schaden des umgebenden Knochens aufweisen.

Begünstigt wird die Entstehung einer Parodontitis durch verschiedenste Faktoren:

- Fehlstellungen von Zähnen, die neue Schmutznischen für die Ansammlung von Plaque entstehen lassen.
- Missgebildete Zähne sind in vielen Fällen anfälliger für die Entstehung einer Parodontitis, da sich die Missbildung meist nicht auf die Krone beschränkt, sondern auch die Wurzel und damit den Zahnhalteapparat mit betrifft.
- Eine Fehlbelastung von Zähnen aufgrund von Zahnfehlstellungen.
- Eine Entzündung der Pulpa zum Beispiel nach Abbrechen eines Zahnes kann über die Wurzelspitze hinaus zu einer Einbeziehung des Parodonts führen.
- Grunderkrankungen mit Schwächung des Immunsystems behindern eine angemessene Antwort des Körpers auf den bakteriellen Angriff.
- Strukturloses Futter, das die Kauaktivität nicht fordert und somit die selbsttätige Reinigung der Zähne nicht unterstützt, fördert die

Entstehung einer Entzündung des Parodontalapparates. Ebenso hat die ausgewogene Versorgung mit Mengen- und Spurenelementen sowie Vitaminen Auswirkungen auf die Funktionalität der Körperabwehr.

In vielen Fällen kommt es zusätzlich zu einer Ausweitung des parodontalen Geschehens auf die umliegenden Schleimhäute, sodass sogenannte Abklatschgeschwüre (»kissing ulcers«) der Lefzen entstehen oder eine Ausdehnung auf den Rachenbereich stattfindet.

Ein auch heute noch gültiger Grundsatz der Parodontologie (Lehre von den Parodontalerkrankungen und ihrer Behandlung) lautet: Was weg ist, ist weg. Ein einmal zerstörter knöcherner und faseriger Parodontalapparat ist nicht vollständig wiederherzustellen.

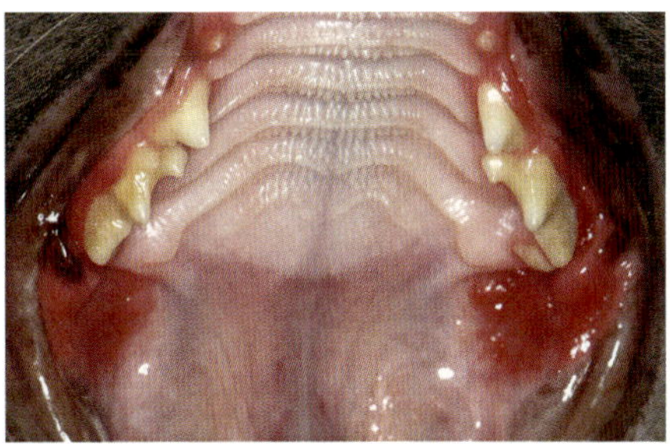

▲ Eine Parodontitis kann durch Abklatsch Bakterien auf die benachbarten Gewebe übertragen und diese damit in den Entzündungsprozess miteinbeziehen. In diesem Fall hat sich das Geschehen auf die rückwärtigen Bereiche hinter den Zahnreihen ausgeweitet.

Einer frühzeitigen Behandlung oder noch besser einer geeigneten Prophylaxe kommt somit eine immense Bedeutung zu. Am besten ist es, bereits bei der mundgesunden jungen Katze mit der Pflege zu beginnen. Diese Situation ist jedoch in den meisten Fällen nicht gegeben. Häufig weiß man erst um die Bedeutung einer guten Pflege, wenn es bereits zu spät ist. Somit muss den meisten häuslichen Pflegemaßnahmen eine professionelle Behandlung in Narkose vorausgehen, um schmerzhafte Prozesse und Entzündungen zu beseitigen. Denn man kann sich lebhaft die Reaktion einer Katze vorstellen, der man trotz bestehenden Schmerzes versucht, die Zähne zu putzen. Außerdem spielt sich der Hauptanteil parodontaler Erkrankungen unterhalb des Zahnfleisches ab, sodass eine gründliche Untersuchung und Behandlung in Narkose in den meisten Fällen notwendig wird.

Symptome

Welche Symptome machen nun eine genauere Untersuchung durch den Tierarzt erforderlich? Fällt die Katze durch Mundgeruch, Beläge und Zahnstein auf, sind bereits genug Gründe gegeben, in Narkose noch einmal gründlicher nachschauen zu lassen. Zurückgehendes Zahnfleisch oder freiliegende Wurzeln,

Zahnlockerungen und Zahnverlust sind alarmierende Zeichen für das Vorliegen einer fortgeschrittenen Erkrankung. Ebenso Speichelfluss, Nasenausfluss oder Schwellungen am Kiefer. Hinweise liefert die Futteraufnahme: Wird Futter fallen gelassen, laut aufgeschrien oder sogar die Futteraufnahme verweigert, liegt häufig ein schmerzhafter Prozess in der Mundhöhle vor. Ist ein Reinschauen wegen Unwilligkeit erst gar nicht möglich oder zeigt die Katze ein auffälliges Verhalten mit abnehmendem Spieltrieb, Unwilligkeit beim Streicheln am Kopf oder Urinieren in die Wohnung, so kann es sich auch hierbei um Folgeerscheinungen oder Kompensationsmechanismen von Zahnerkrankungen handeln.

Untersuchung

Unter Narkose können die Mundhöhle und jeder einzelne Zahn genau untersucht werden. Im Rahmen parodontaler Erkrankungen bedeutet dies die Messung der Taschentiefen an allen Zahnflächen sowie die Erstellung von Einzelzahnröntgenaufnahmen zur Beurteilung des Knochens um die Zähne herum.

Schwierig zu beherrschende Entzündungsreaktionen treten insbesondere in den Wurzelteilungsstellen der mehrwurzeligen Backenzähne auf (Furkationsbefall). Je nach Grad der Schädigung ist eine Entzündungsfreiheit trotz guter Nachsorge und häuslicher Pflege nicht mehr zu gewährleisten, wie zum Beispiel bei einer durchgängig sondierbaren Wurzelteilungsstelle, bei wel-

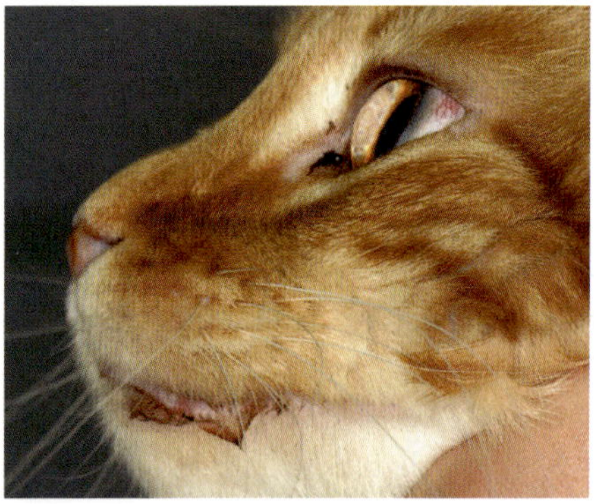

▲ Eine Entzündung kann zu vermehrtem Speicheln (Salivation) führen. Das Fell dieser Tiere ist im Mundbereich häufig verklebt.

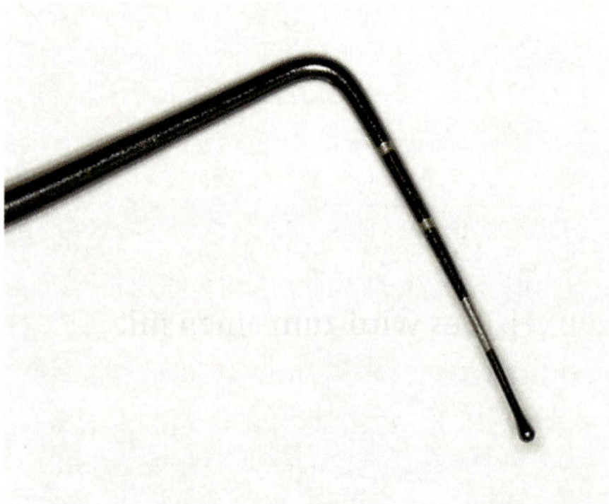

▲ Zur Messung der Taschentiefen bedient man sich einer Parodontalsonde, die durch eine Graduierung das Ablesen der Taschentiefe ermöglicht.

Info

Narkose als Risikofaktor?

Das Risiko einer über Jahre bestehenden Parodontalerkrankung ist für die Allgemeingesundheit und die Lebenserwartung wesentlich höher einzustufen als das Risiko einer gut geführten Narkose. Eine Inhalationsnarkose bei liegendem Venenkatheter ermöglicht eine gute Narkosesteuerung auch bei Katzen mit Vorerkrankungen wie Herzklappendefekten, Herzvergrößerung, Leber- oder Nierenschaden. Insbesondere sollte die Zahnbehandlung in Narkose als zukünftiger Schutz für eben diese Organe verstanden werden, da die permanente Belastung durch die Entzündung mit einem einmaligen Eingriff beseitigt werden kann. Das fortgeschrittene Alter eines Tieres sollte kein Grund für das Belassen einer Erkrankung sein.

cher der Knochen bereits vollständig aufgelöst ist. Nicht immer jedoch sind parodontale Prozesse am Zahn oder der Wurzel direkt zugänglich. So können sich auch unbemerkt Prozesse in der Tiefe des Kiefers entwickeln, die nur über Zahnröntgen sichtbar gemacht werden können.

Behandlung

Die Behandlung einer parodontalen Erkrankung besteht vor allem in der Reinigung der Zähne an Krone und Wurzel. Dies wird zum einen mit Handinstrumenten, zum anderen mit einem Ultraschallzahnsteinentfernungsgerät durchgeführt. Bei vertieften Taschen kann es notwendig werden, die bedeckende Schleimhaut zurückzuklappen und die Zahnwurzeln unter Sicht zu reinigen. Nach Beendigung der Reinigung wird das Zahnfleisch durch sich selbst auflösende Fäden wieder in der natürlichen Position adaptiert. Sind die Knochentaschen bereits zu tief oder ist die Entzündung zu weit fortgeschritten, so bleibt nur die Entfernung (Extraktion) des Zahnes. Wichtig ist hierbei die vollständige Entfernung, da auch kleine Wurzelreste die Entzündung weiter unterhalten können.

Zur Senkung der bakteriellen Belastung besteht die Möglichkeit zum Einsatz eines Diodenlasers in der Zahnfleischtasche. Die dünne Faser gestattet die Eliminierung der Bakterien auch in der Tiefe der Tasche. Über den Blutweg können die Bakterien durch Gabe eines Antibiotikums erreicht werden.

Da eine tiefe Zahnreinigung oder gegebenenfalls auch Extraktionen mit

Schmerzen verbunden sind, sollte neben einer antibiotischen Abdeckung auch auf eine ausreichende Schmerztherapie geachtet werden.

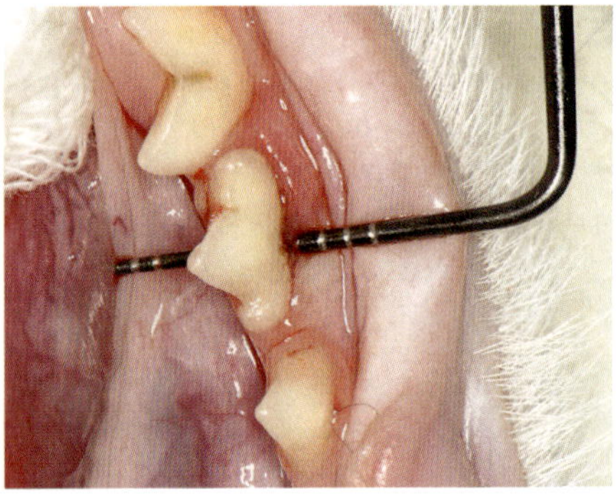

▲ a) Der Knochenabbau im Rahmen einer Parodontitis kann zur Eröffnung der Wurzelteilungsstelle (Furkation) führen, im Endstadium kann eine Sonde hindurchgeschoben werden.

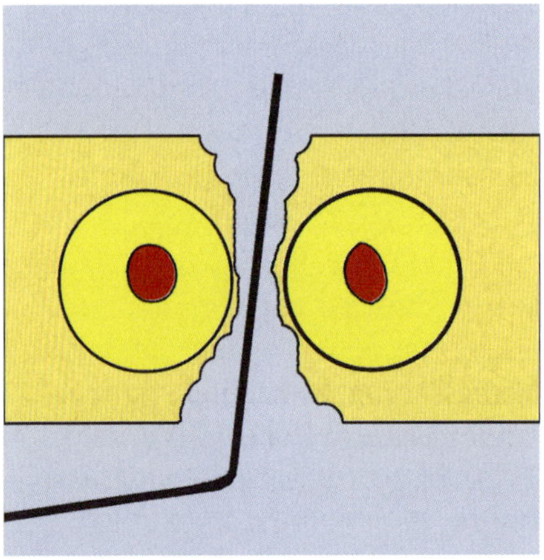

▲ b) Furkationsbefall Grad 3: Die Sonde kann vollständig zwischen den Wurzeln (gelb) hindurch auf die andere Seite des Zahns geführt werden.

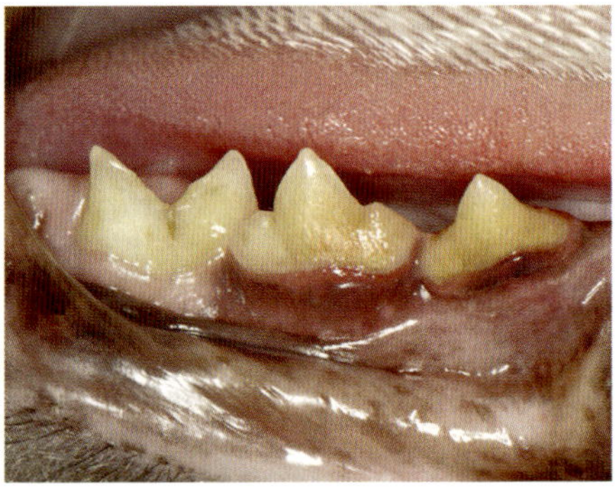

▲ c) Beim alleinigen Anschauen der Zähne würde man in diesem Fall keine Erkrankung vermuten.

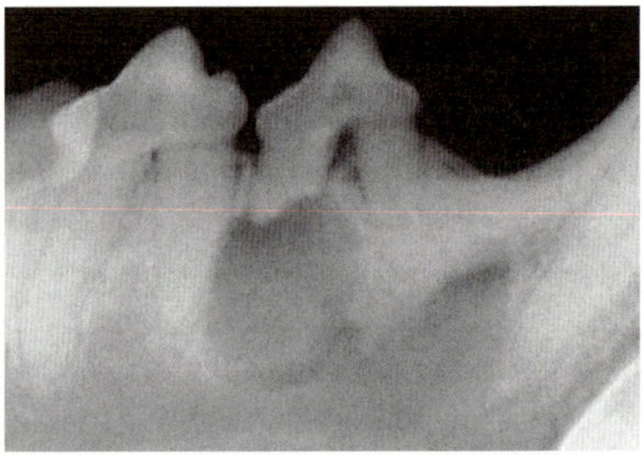

▲ d) Im Röntgenbild zeigt sich eine Knochenauflösung um die hintere Wurzel des unteren vierten Prämolaren.

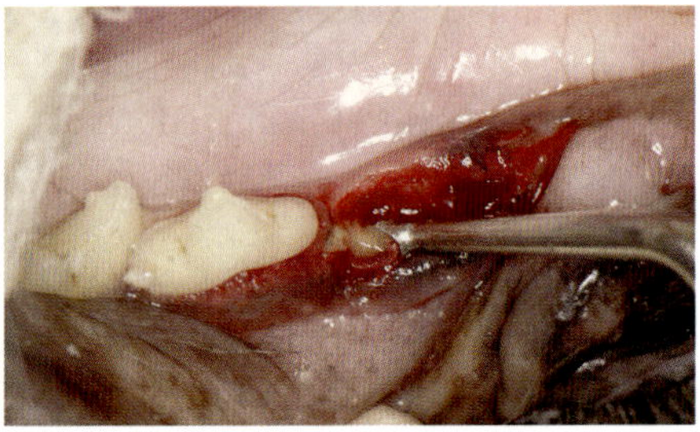

▲ e) Nach Extraktion findet sich in der Knochenhöhle Eiter.

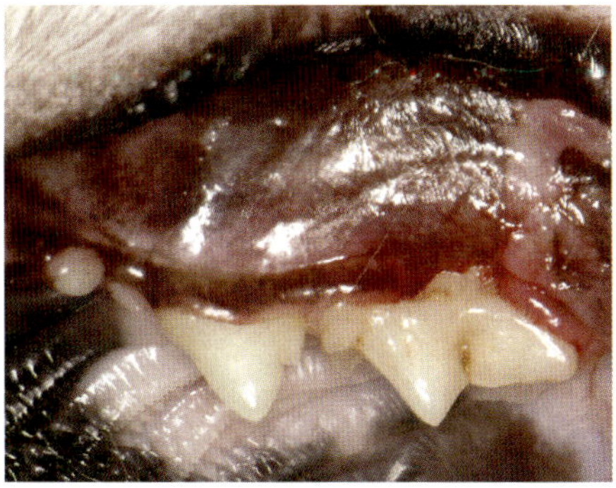

▲ a) Rückgang des Zahnfleisches über der hinteren Wurzel des oberen Reißzahnes.

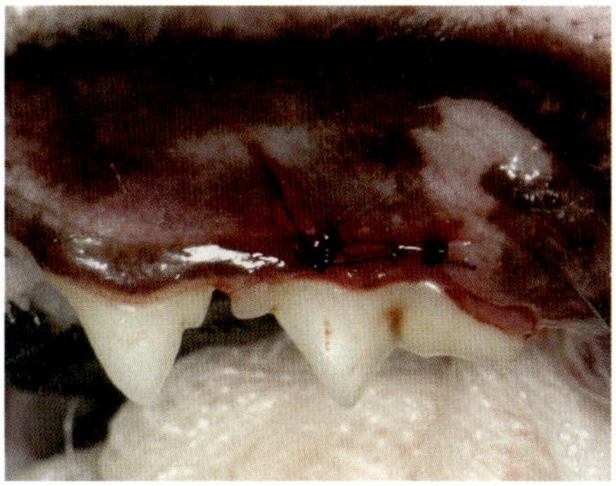

▲ b) Deckung der freiliegenden Wurzel durch einen kronenwärts gerichteten Verschiebelappen des Zahnfleisches.

Durch eine profunde Behandlung wird das Wiederanlegen des Zahnfleisches an den Zahn erreicht, nicht jedoch der Wiederaufbau des zerstörten knöchernen Anteils des Parodontalapparates. Dies kann nur in Einzelfällen durch aufwendige Verfahren mit Verschiebelappen, gelenkter Geweberegeneration, Membranen und Knochenersatzstoffen erzielt werden, und wenn darüber hinaus eine exzellente häusliche Mundhygiene gewährleistet ist.

Nachsorge

Das Zähneputzen zu Hause sollte sich nach der Abheilungsphase anschließen. Dabei hat sich herausgestellt, dass einmal tägliches Putzen notwendig ist, um dauerhaft eine gesunde Schleimhaut zu erreichen. Spezielle Zahnbürsten und Zahnpasten (Hühnchengeschmack, Fischgeschmack) für Katzen stehen zur Auswahl und sollten den individuellen Anforderungen angepasst werden (siehe S. 88).

Ist eine kontinuierliche Zahnpflege nicht möglich, sollte regelmäßig eine professionelle Zahnreinigung unter Narkose durchgeführt werden. Bleibt dennoch eine massive Entzündung, ist die Entfernung der (Backen-)Zähne die sinnvollste Behandlungsform, um für das Tier einen akzeptablen Zustand herbeizuführen.

In pflegeresistenten Fällen kann eine geeignete Ernährung eine deutliche Verbesserung der Zahnreinigung erbringen. Hierzu steht eine Vielzahl von Futtermitteln und „Leckerli« zur Verfügung. Eine Auswahl findet sich am Ende dieses Buches (siehe S. 94).

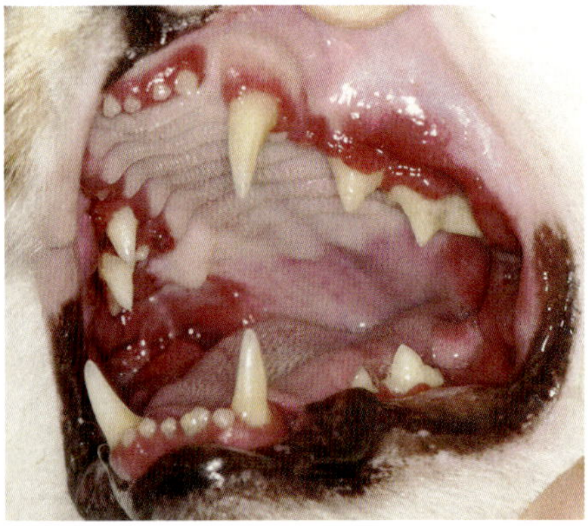

▲ a) Die Auswirkung des Zähneputzens lässt sich anhand dieser Gingivitis einprägsam verdeutlichen. Ohne Entfernung der Beläge liegt eine heftige Zahnfleischentzündung vor.

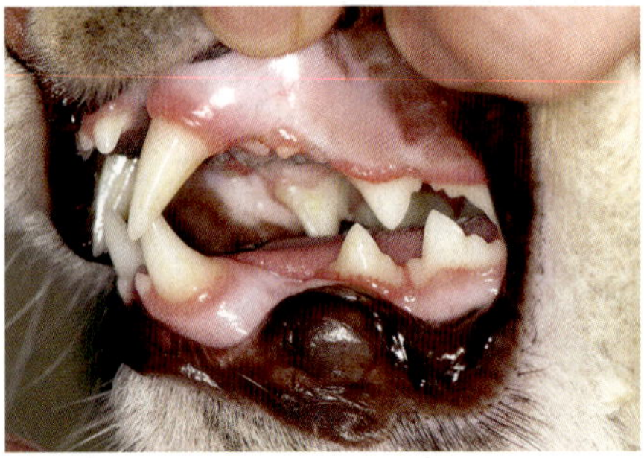

▲ b) Nach Reinigung und häuslichem Zähneputzen zeigt sich ein deutlicher Rückgang der entzündlichen Erscheinungen.

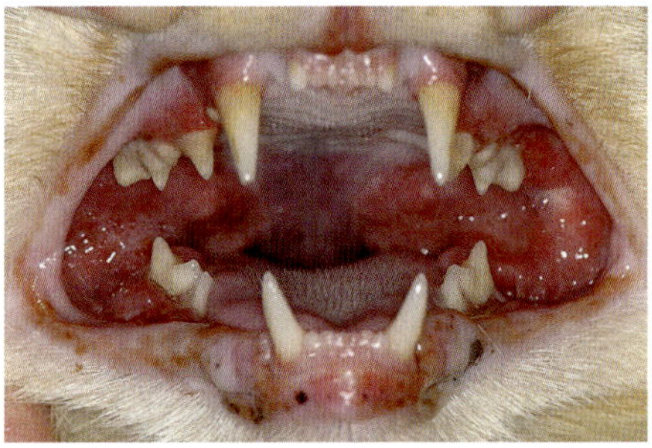

▲ a) Die Entzündung des Zahnfleisches war aufgrund schwieriger häuslicher Zahnpflege nicht dauerhaft vermeidbar, sodass die Gingivitis in eine Parodontitis überging.

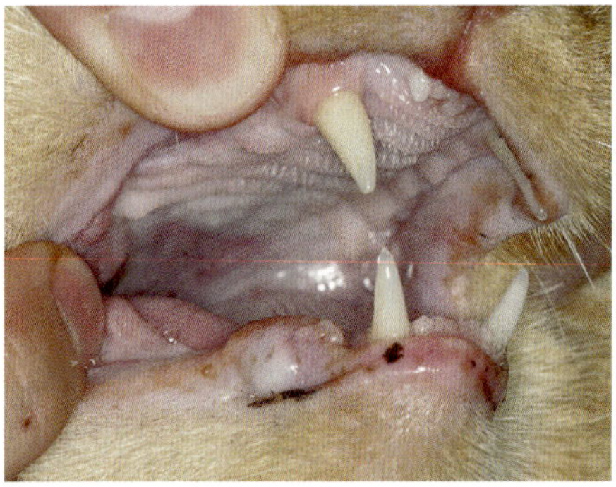

▲ b) Nach Entfernung aller Backenzähne verschwanden die Entzündungszeichen wie Rötung, Schwellung und Schmerzhaftigkeit vollständig. Die Frontzähne konnten ohne große Schwierigkeiten geputzt werden und wurden daher belassen.

Feline odontoklastische resorptive Läsionen (FORL)

Bei den felinen odontoklastischen resorptiven Läsionen handelt es sich um eine sehr häufige Erkrankung der Katze. Im mittleren Alter von fünf Jahren ist bereits jede zweite Katze betroffen. Körpereigene Zellen beginnen im Wurzelbereich Zahnhartsubstanz aufzulösen und fressen sich immer weiter in den Zahn hinein, sodass es bei Fortschreiten zur Mitbeteiligung der Zahn-

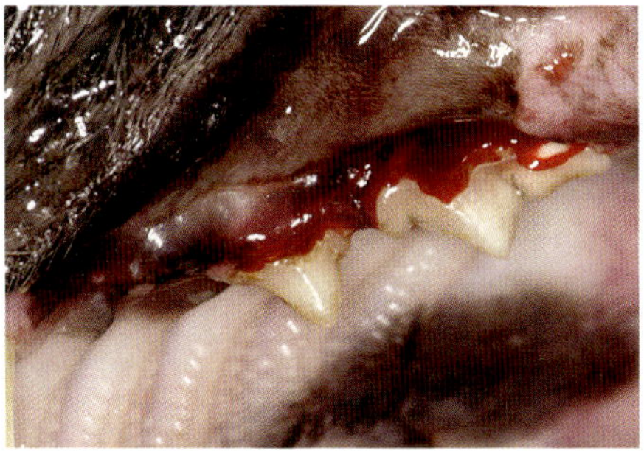

▲ a) Aufgrund resorptiver Umbauvorgänge sind an diesen Oberkieferbackenzähnen bereits große Ausbrüche an den Zahnkronen sichtbar.

▲ b) Die zahnabbauenden Zellen bei den felinen odontoklastischen resorptiven Läsionen werden als Odontoklasten bezeichnet. Diese großen, mehrkernigen Fresszellen liegen zunächst dem Zement, später dem Dentin direkt auf.

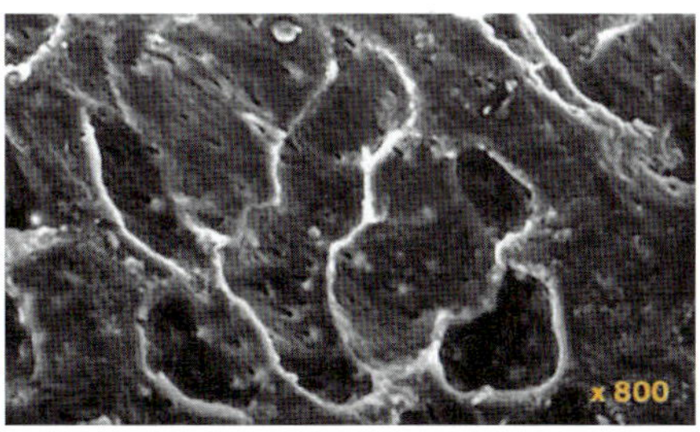

▲ c) Die entstehenden Defekte sind nach Entfernung der Odontoklasten als Vertiefungen im Dentin deutlich sichtbar.

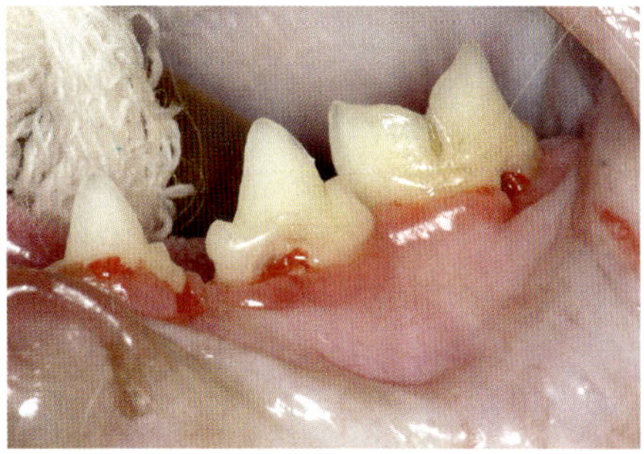

▲ d) Häufig beginnen resorptive Umbauvorgänge im Bereich der Wurzelteilungsstellen, wie an diesen Unterkieferbackenzähnen, bei denen sich das Zahnfleisch aus den Resorptionsbereichen zurückgebildet hat.

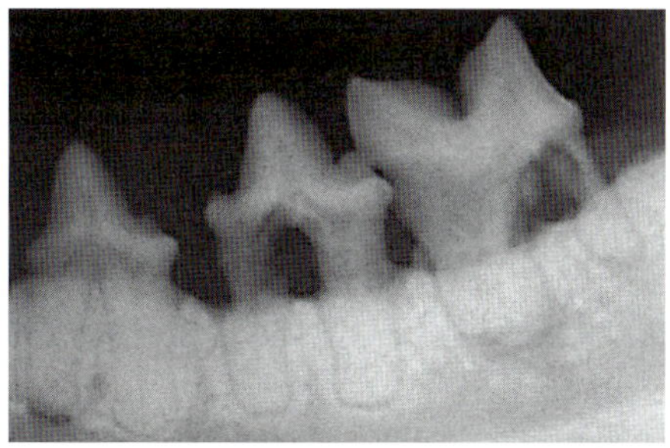

▲ e) Im zugehörigen Röntgenbild zeigt sich der bereits fortgeschrittene Knochenabbau in Nähe der Resorptionsdefekte der Zähne, sodass circa die Hälfte der Wurzellänge nicht mehr im Knochen verankert ist. Der Unterkieferreißzahn hat zusätzlich eine Entzündung der Pulpa entwickelt, die sich als Entzündung mit Knochenauflösung an den Wurzelspitzen zeigt.

krone kommt. Spielt sich der Anfang der Erkrankung im Kiefer, also im nicht sichtbaren Bereich ab, so sieht man bei Beteiligung der Zahnkrone auch bald Defekte und Ausbrüche von Schmelz und Dentin. Ist ein Zahn betroffen, ist die Wahrscheinlichkeit sehr groß, dass auch weitere Zähne FORL aufweisen.

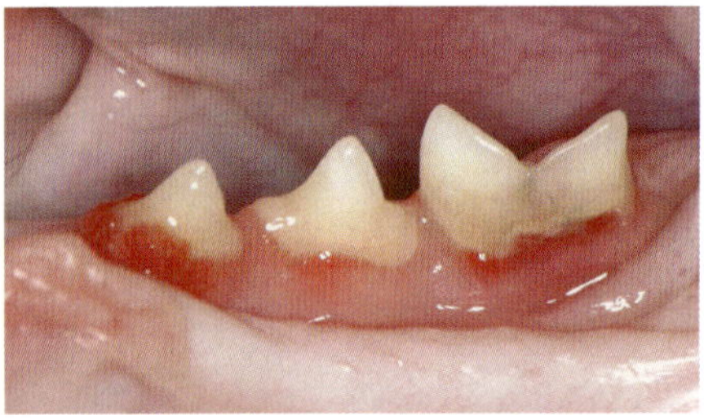

▲ a) Im weiteren Verlauf von Resorptionen können große Kronenanteile wie hier am Unterkieferreißzahn zerstört werden.

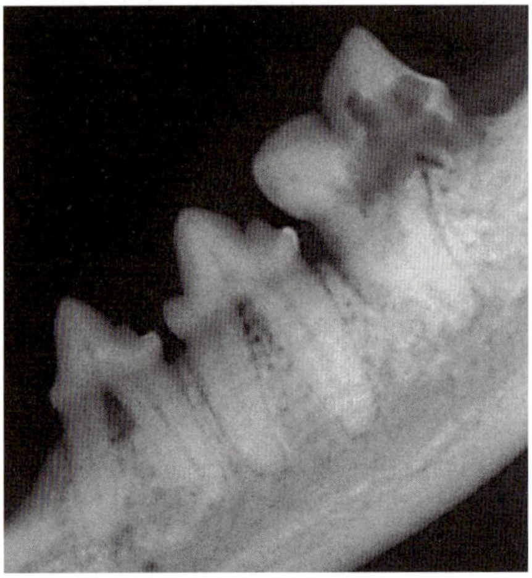

▲ b) Im zugehörigen Röntgenbild zeigt sich die massive Zerstörung der Krone als dunkle Flecken.

Die Schmerzhaftigkeit von FORL erklärt sich über die Ausweitung des Geschehens bis in die Zahnpulpa (»Zahnnerv«) hinein. Denn obwohl um die Pulpa herum die Zahnhartsubstanz aufgelöst wird, bleibt die Pulpa lange vital und damit sensibel für Schmerzreize.

Man unterscheidet zwei Typen von FORL. Die eine entsteht eingebettet in ein Entzündungsgeschehen, die andere zunächst entzündungsfrei. Dies hat einen unterschiedlichen Verlauf zur Folge. Bei Vorliegen einer Entzündung werden Zahnteile aufgelöst und mit Entzündungsgewebe aufgefüllt. Fehlt die Entzündung, wird die aufgelöste Zahnhartsubstanz durch knochenartiges Gewebe ersetzt. Der Ersatz mit knochenartigem Gewebe setzt die vorausgehende Verknöcherung des

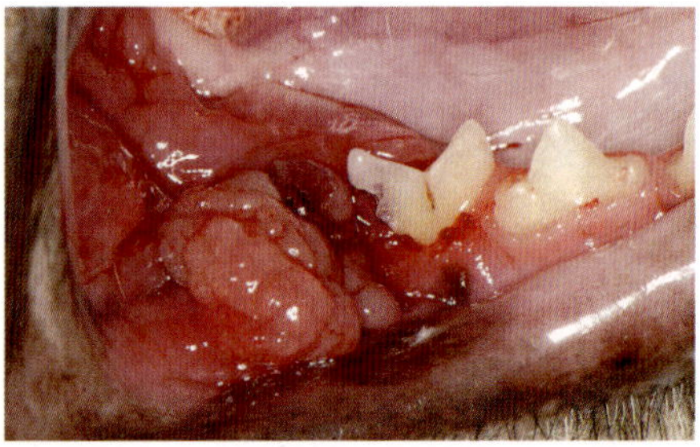

▲ Um einen von FORL betroffenen Zahn herum kann es zur ausufernden Entzündung benachbarter Weichgewebe kommen. In diesem Fall ist es zu einer Proliferation des Zahnfleisches und der Wangenschleimhaut im Bereich des Unterkieferreißzahnes gekommen.

Zahnes in seinem Zahnfach fort, ein Parodontalspalt ist daher zumeist nicht mehr nachweisbar. Durch diese Verknöcherung und den Verlust der Eigenbeweglichkeit brechen Zähne mit FORL viel leichter ab. In vielen Fällen lassen sich lediglich noch die Wurzelreste nachweisen.

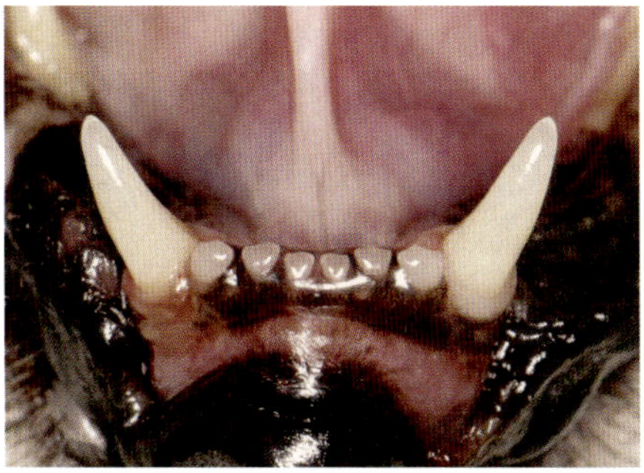

▲ a) Da FORL im Wurzelbereich beginnen, kann die Erkrankung über lange Zeit klinisch unsichtbar bleiben. Nichts an diesen beiden Unterkieferfangzähnen weist auf das Vorliegen einer Erkrankung hin.

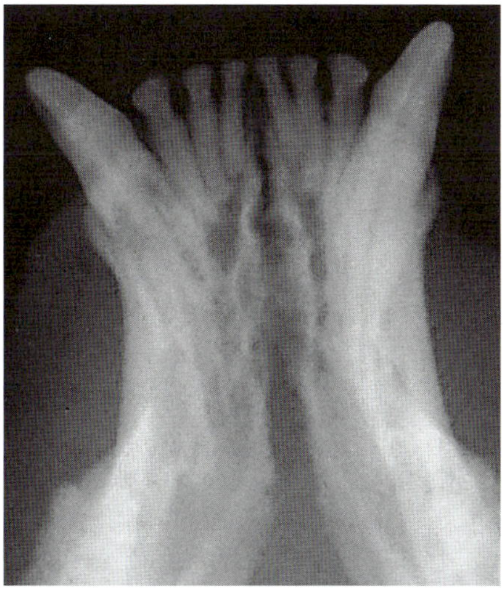

▲ b) Im zugehörigen Röntgenbild zeigt sich der weit fortgeschrittene Umbau der Wurzeln beider Unterkieferfangzähne.

Die Ursache von FORL ist bis dato ungeklärt, vieles weist auf eine Störung des Kalziumhaushaltes hin. Jedoch werden auch Entzündungsprozesse, Alterungsprozesse, Zahnbeschaffenheit und die Ernährung als Kausalfaktoren vermutet. Da auch bei wildlebenden Großkatzen FORL gefunden werden, ist nicht davon auszugehen, dass alleinig zivilisatorische Einflüsse für die Entstehung dieser Erkrankung verantwortlich sind.

Bei FORL zeigen die Katzen zumeist eine deutliche Schmerzhaftigkeit. Diese äußert sich in einer gestörten Futteraufnahme oder Futterverweigerung, das Tier zeigt Schmerzen beim Kauen, es wird vermehrt gespeichelt, der Kopf wird geschüttelt oder es wird mit den Zähnen geknirscht.

Die Diagnose FORL lässt sich allein schon aufgrund der Entstehung im nicht sichtbaren Wurzelbereich in der Anfangsphase nur durch Zahnröntgenaufnahmen nachweisen. Im fortgeschrittenen Stadium finden sich auch für das Auge sichtbare Zahnausbrüche an der Zahnkrone, diese können jedoch durch entzündliche Veränderungen des Zahnfleisches verdeckt werden.

Für die Behandlung sind in jedem Fall Zahnröntgenaufnahmen aller Zähne notwendig:

- Zum einen muss das Ausmaß der Veränderung am einzelnen Zahn festgestellt werden, um die Extraktion des Zahnes planen zu können.
- Zum anderen muss festgestellt werden, wie viele Zähne betroffen sind, um nur gesunde, erhaltungsfähige und schmerzfreie Zähne in der Mundhöhle zu belassen.

Alleinige Behandlungsoption ist die Entfernung aller betroffener Zähne, da die Schmerzbeseitigung im Vordergrund steht. Weil die Ursache bisher unbekannt ist, können die Entstehung und das Fortschreiten der Erkrankung nicht verhindert werden und somit bleibt nur die Extraktion. Aufgrund des knöchernen Verwachsens eines FORL-Zahnes im Zahnfach ist die Extraktion eines solchen Zahnes erschwert. Daher wird in der Regel eine chirurgische Extraktion notwendig: Die Schleim-

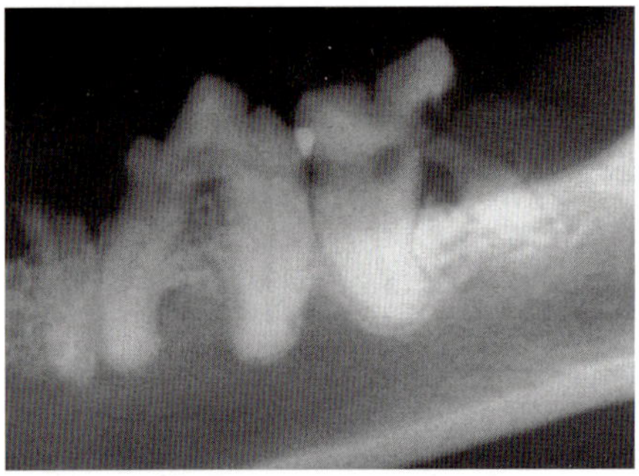

▲ a) In diesem Röntgenbild zeigt sich der FORL-Defekt auf die hintere Fläche des Unterkieferfangzahnes beschränkt, die Umbauprozesse im Knochen sind noch begrenzt.

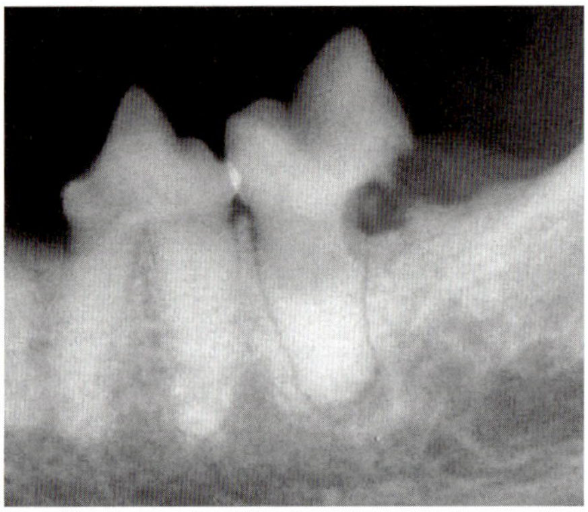

▲ b) In diesem Röntgenbild ist die hintere Wurzel des Reißzahnes vom übrigen Zahn bereits abgetrennt, an der vorderen Wurzel zeigt sich eine Knochenauflösung an der Wurzelspitze aufgrund der fortgeleiteten Entzündung der Pulpa.

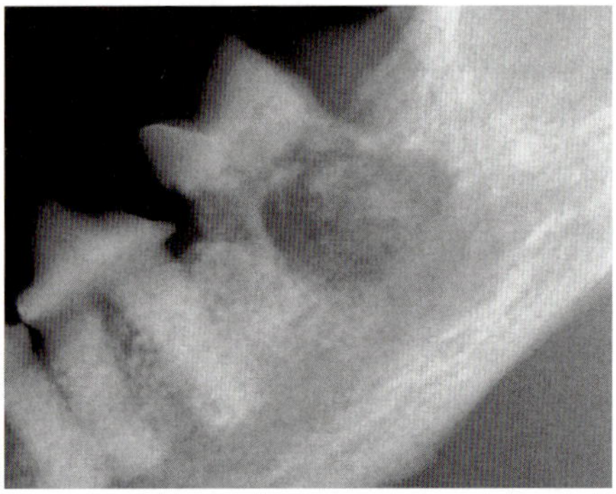

▲ c) In diesem Röntgenbild sind beide Wurzeln des Unterkieferreißzahnes fast vollständig aufgelöst, der Zahn steht in einer massiven, weit ausgebreiteten Entzündung des Knochens.

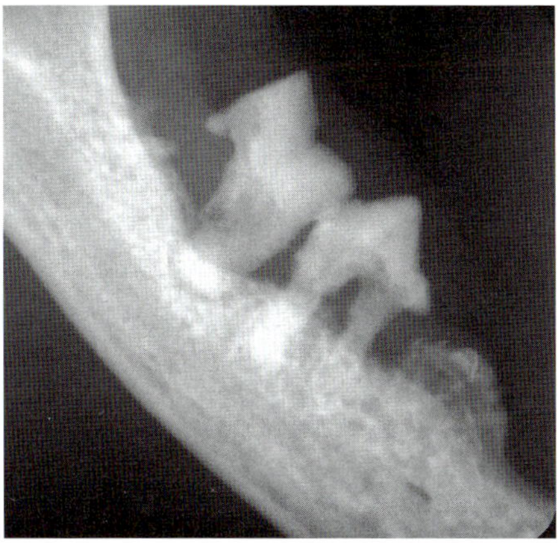

▲ a) In diesem Röntgenbild zeigen sich in einem Kiefer beide Typen der resorptiven Läsionen. Der Reißzahn weist um die Läsionen eine deutliche Knochenauflösung auf. Der kaum noch als Zahn deutbare Haufen rechts im Bild entspricht dem Ersatz des ehemaligen Zahnes durch knochenartiges Gewebe, ohne dass ein deutlicher Knochenverlust entstanden wäre.

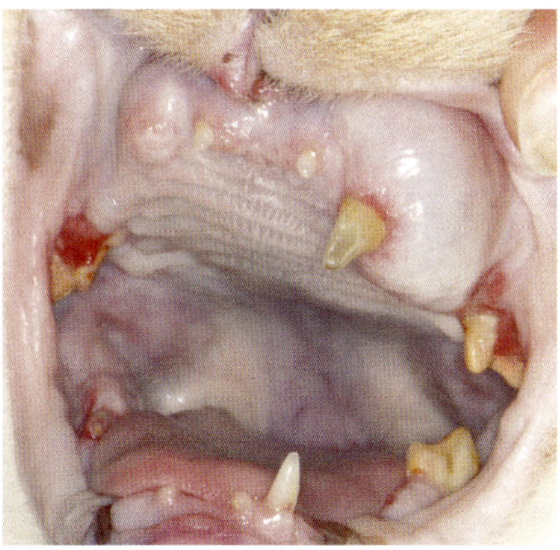

▲ b) Der obere linke Fangzahn zeigt im Wurzelbereich eine große Auftreibung des Zahnfleisches beziehungsweise Alveolarknochens.

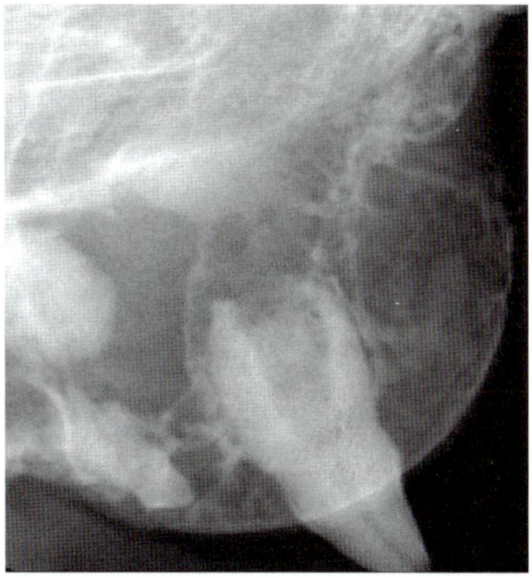

▲ c) Im Röntgenbild ist eine Auflösung der Fangzahnwurzel von außen und innen erkennbar, der Knochen ist bei aufgelockerter Struktur aufgetrieben.

haut über dem Kieferkamm wird abgeklappt, der Knochen über den einzelnen Wurzeln entfernt und der Zahn in seine einzelnen Wurzeln zerteilt. Nach Entfernung der nun isolierten Wurzeln wird die Schleimhaut für eine bessere Wundheilung über den Zahnfächern mit sich auflösendem Faden vernäht. Was sich zunächst sehr traumatisch anhört, ist letztlich die schonendere Variante, da sich unter Sicht der Zahn vollständig entfernen lässt. Bei anderen Extraktionsverfahren hingegen bricht häufig die Wurzelspitze ab und das »blinde Suchen« der Wurzelspitze in der Tiefe des Zahnfaches ohne Aufklappung setzt deutlich mehr Defekte.

Der positive Effekt einer Extraktionstherapie von FORL-Zähnen zeigt sich meist recht schnell in einer deutlichen Verbesserung der Schmerzsymptomatik und des Allgemeinbefindens des Tieres.

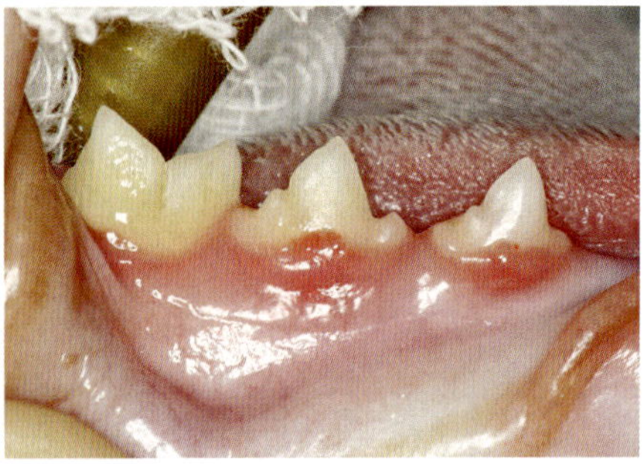

▲ a) Kleine, auf die Zahnkrone gewachsene Schleimhautlappen können ein Hinweis auf das Vorliegen von FORL sein.

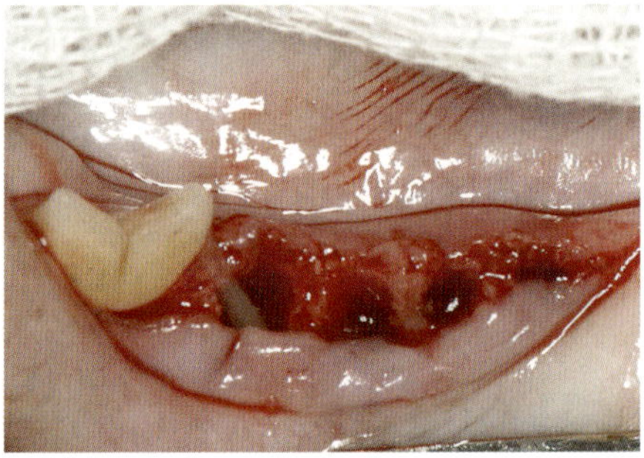

▲ c) Zur Entfernung von Wurzeln mit FORL wird in vielen Fällen die Präparation eines Schleimhautlappens und die Entfernung von Alveolarknochen über den Wurzeln notwendig, um unter Sicht die Wurzeln vollständig entfernen zu können. Nach Entfernung stellen sich die leeren Zahnfächer dar.

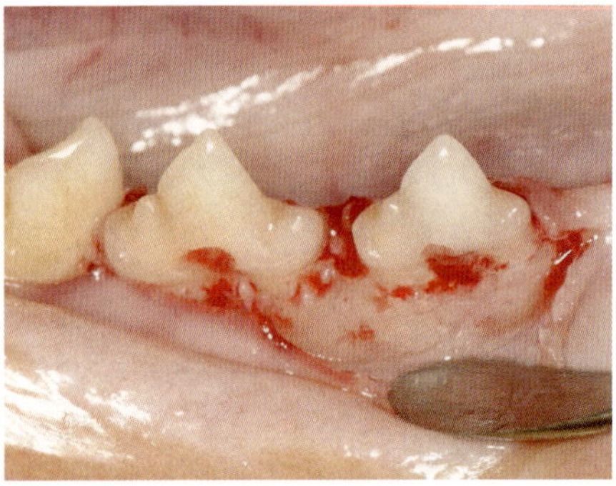

▲ b) Nach Präparation eines Schleimhautlappens lassen sich die Defekte im Wurzelteilungsbereich darstellen.

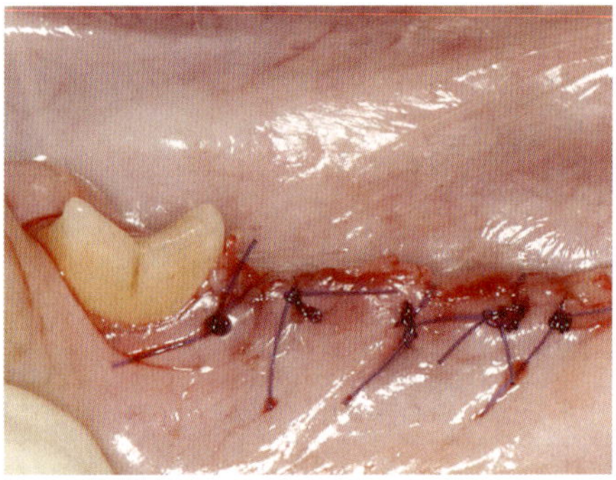

▲ d) Zur sicheren Abheilung wird die Schleimhaut über den Zahnfächern mit sich selbst auflösendem Faden verschlossen.

Info

Zahnröntgenaufnahmen – eine Notwendigkeit

Diagnostik und Behandlung von Erkrankungen wie Parodontitis oder FORL sind ohne Zahnröntgenaufnahmen nicht möglich. Folgende Zahlen verdeutlichen die Aussagekraft und Bedeutung der Zahnröntgenaufnahmen:

- An erkrankten Zähnen bei Katzen wurden durch Zahnröntgenaufnahmen in über 30 Prozent der Fälle wichtige zusätzliche Befunde erhoben.
- An klinisch unauffälligen Zähnen bei Katzen wurden durch Zahnröntgenaufnahmen in über 40 Prozent der Fälle wichtige Befunde erhoben.

Stomatitis

Unter Stomatitis versteht man eine hochgradige Entzündung der Mundschleimhäute. Betroffen sind Zahnfleisch, Lefzenschleimhaut, Zungenschleimhaut und Rachenschleimhaut, die eine starke Rötung und zumeist auch Schwellung aufweisen. Insbesondere wenn der Rachen mitbetroffen ist, zeigen die Tiere eine deutliche Beeinträchtigung bei der Futteraufnahme. Die von einer Stomatitis betroffenen Tiere leiden zusehends. Trotz Hunger wird kein Futter aufgenommen oder die Schmerzhaftigkeit bei der Futteraufnahme durch Aufschreien oder Fallenlassen von Futter deutlich. Durch kontinuierlich schlechte Futteraufnahme ist der Ernährungszustand und nachfolgend auch der Allgemeinzustand reduziert. Viele Tiere speicheln vermehrt oder strecken aufgrund der Entzündung im Rachen die Zunge zur Entlastung aus dem Mund.

Die Stomatitis wird als sogenanntes multikausales Geschehen betrachtet, da es zumeist unmöglich ist, einen alleinigen Verursacher der Entzündung auszumachen. Viele Einflussfaktoren sorgen bei einem Tier mit entsprechender Veranlagung für einen Ausbruch der Erkrankung. Unter den Auslösern werden virale, bakterielle und ernährungsbedingte Einflüsse ebenso diskutiert wie körpereigene Defizite in der Immunabwehr. Manche Rassekatzen, wie zum Beispiel Perser, Siamesen, Abessinier und Burmesen, scheinen besonders empfänglich zu sein.

Die Diagnostik bei Vorliegen einer Stomatitis muss daher breit gefächert sein, um möglichst viele auslösende

Faktoren zu erkennen und angehen zu können. Neben klinischer und röntgenologischer Untersuchung der Zähne und Mundhöhle werden Blutuntersuchungen zum Ausschluss von Grunderkrankungen und zur Einordnung der Immunabwehr notwendig. Auch der Ausschluss eines Tumorgeschehens sollte in fraglichen Fällen mithilfe einer Gewebeprobe vorgenommen werden.

Die Behandlung der lockeren Mundschleimhäute erfolgt medikamentös, die Entzündung des Zahnfleisches

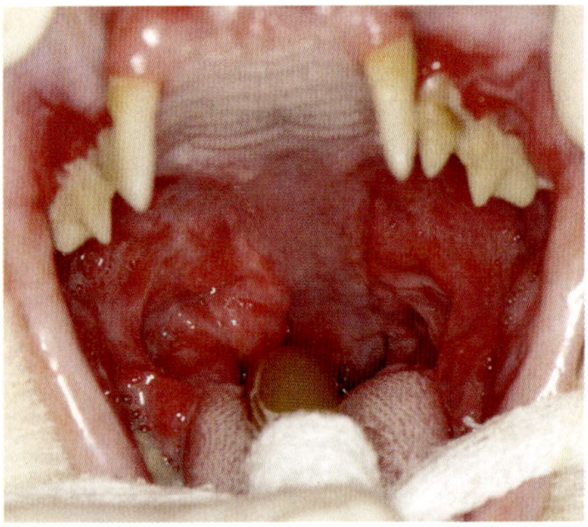

▲ a) Fallbeispiel: Hochgradige Entzündung aller Mundschleimhäute. Die Schleimhaut ist geschwollen, stark gerötet und blutet bei Berührung. Durch die Schwellungen im Rachenbereich ist das Abschlucken sehr schmerzhaft.

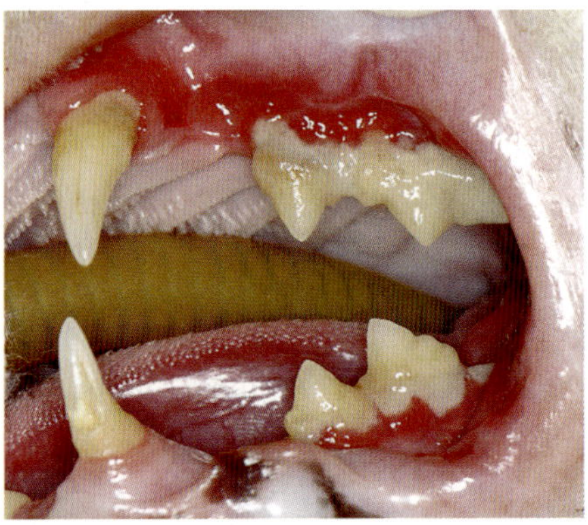

▲ b) Alle Zähne sind aufgrund der eingeschränkten Kaufunktion von Zahnstein und vor allem von vielen weichen Belägen bedeckt. Fast an allen Zähnen ist das Zahnfleisch bereits zurückgegangen.

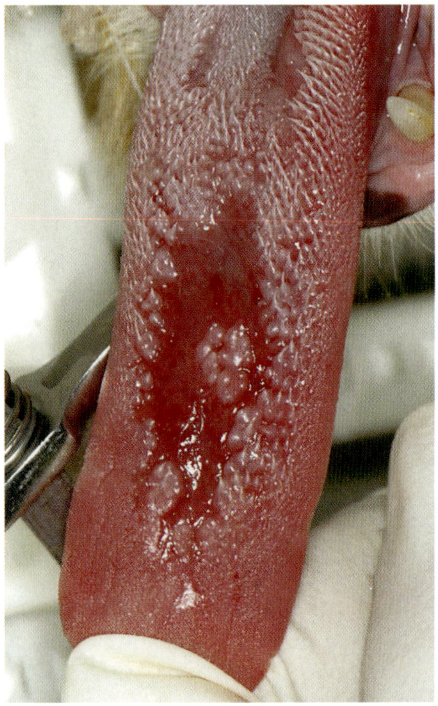

▲ c) Sogar die derbe Oberfläche des Zungenrückens ist durch ein Geschwür (Ulkus) gekennzeichnet, das bei der Futteraufnahme und bei der Fellpflege ebenfalls sehr schmerzhaft ist.

▲ d) Durch die Schmerzhaftigkeit der Mundhöhle und des Rachens wird vermehrt gespeichelt und die Zunge zur Entlastung rausgestreckt.

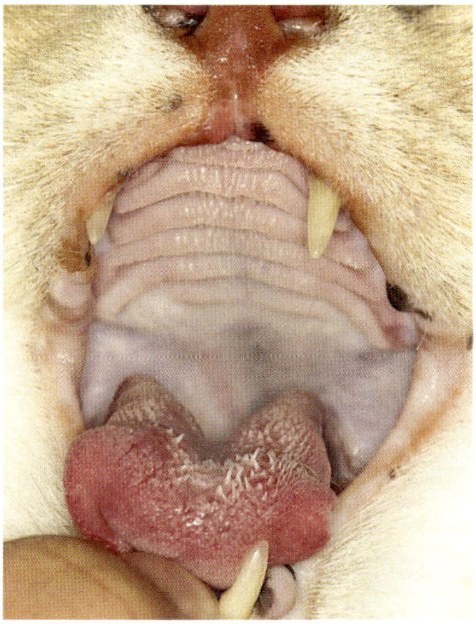

▲ e) Nach Entfernung der Backenzähne und geeigneter immunmodulatorischer Therapie ist die Entzündung vollständig abgeklungen.

ist abhängig vom Zustand des Zahnhalteapparats. Bei intaktem Zahnhalteapparat ist die Pflege der Zähne Voraussetzung für das Anschlagen der medikamentösen Therapie. Ist die Pflege ob der Schmerzhaftigkeit nicht möglich, führt die Entfernung der Backenzähne in acht von zehn Fällen zu einer deutlichen Verbesserung der Entzündungssymptomatik.

Die medikamentöse Therapie beinhaltet entzündungshemmende und antibakterielle Medikamente sowie Medikamente zur Regulierung der Immunabwehr. Zur Entzündungshemmung werden in der Regel sogenannte kleine Entzündungshemmer (Antiphlogistika) eingesetzt, die sehr weit unten in der Entzündungskaskade angreifen und spezifische Faktoren in der Entzündungsentstehung hemmen. Greifen die kleinen Antiphlogistika nicht mehr, werden steroidale Antiphlogistika wie Kortison eingesetzt, welche die Entzündungskaskade bereits im Anfang unterbrechen. Positiver Nebeneffekt der Kortisongabe ist ein zumeist gesteigerter Appetit, negativer Effekt die dauerhafte Unterdrückung des Immunsystems. In manchen Fällen ist jedoch genau das gefragt, nämlich dann, wenn eine Ursache der Stomatitis ein überschießendes Immunsystem ist. Gegebenenfalls werden sogar stärkere Immunsuppressoren notwendig, um das Immunsystem zu regulieren.

Auf der anderen Seite gibt es jedoch viele Fälle, die genau das Gegenteil, nämlich eine Stimulation des Immunsystems benötigen, da die Abwehrzellen die äußeren Einflüsse nicht in der gewünschten Art und Weise abwehren können. Insbesondere wird ein felines Omega-Interferon (Virbagen Omega) eingesetzt, das derzeit die potenteste Substanz zur gezielten Stimulierung des Immunsystems darstellt. Das Therapieschema beginnt mit einer Unterspritzung der betroffenen Mundschleimhäute in Narkose, in den darauffolgenden Tagen ergänzt durch subkutane Injektionen am wachen Tier. Weitere Nachinjektionen werden vom Verlauf der Therapie abhängig gemacht, eine Kombination mit Entzündungshemmern kann notwendig werden, um eine weitestgehend schmerzfreie Futteraufnahme zu gewährleisten. Häufig sind sehr lange Verläufe zu beobachten, eine Verbesserung innerhalb kurzer Zeit ist eher selten.

Da das Immunsystem eine entscheidende Rolle für die Ausprägung der Stomatitis spielt, kommen auch weitere Therapieformen zum Einsatz, die eine Regulierung des Immunsystems zum Ziel haben. Hierunter fallen etwa unspezifische Immunitätsmodulatoren wie zum Beispiel Paramunitätsinducer (Zylexis) sowie der Einsatz von homöopathischen Therapieformen oder von Laserlicht.

Die Behandlung einer Stomatitis ist kein »Selbstläufer«, einen Goldstandard gibt es bisher nicht. Es bedarf einer guten Diagnostik und Behandlung sowie Ausdauer bei der Therapie, da langwierige Entzündungsvorgänge oft auch eine lange Ausheilungszeit benötigen.

Eosinophiler Granulomkomplex der Katze

Eine besondere Erkrankung der Katze ist der eosinophile Granulomkomplex, der aus Hautveränderungen sowie Geschwüren und Knötchen an Lippen und Mundschleimhaut besteht.

Die Ursachenforschung muss aufgrund eines bisher nicht gefundenen einzelnen Auslösers ähnlich breit angelegt sein wie bei der Stomatitis. Eine Zugehörigkeit zum allergischen Formenkreis oder sogar eine autoimmune (gegen den Körper selbst gerichtete) Komponente wird als am wahrscheinlichsten betrachtet.

In der Mundhöhle finden sich Geschwüre an der Oberlippe oder dem Gaumen sowie Granulome (knötchenförmiges Granulationsgewebe) an

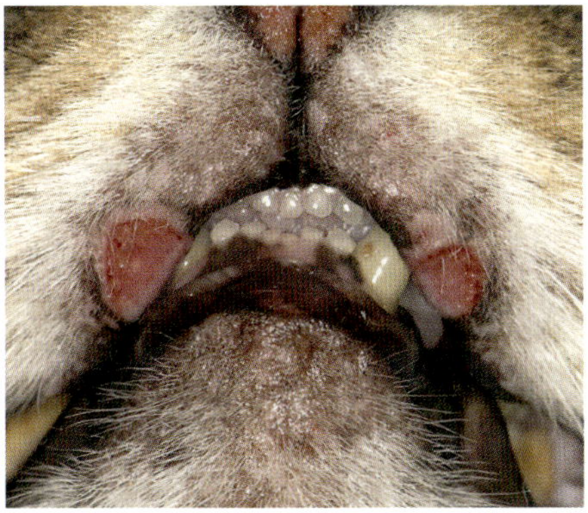

▲ a) Typisch für das Vorliegen des eosinophilen Granulomkomplexes sind symmetrische Geschwüre (Ulzera) der Lippen.

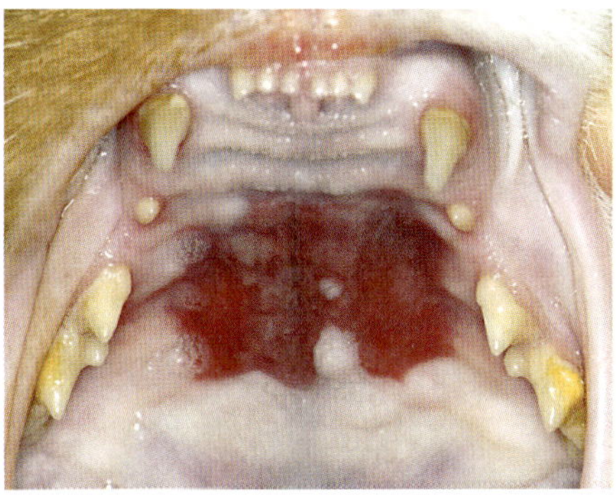

▲ b) Ein eosinophiles Geschwür kann jedoch auch am Gaumen auftreten. Die Futteraufnahme ist durch ein Gaumengeschwür deutlich stärker behindert als durch Lippengeschwüre.

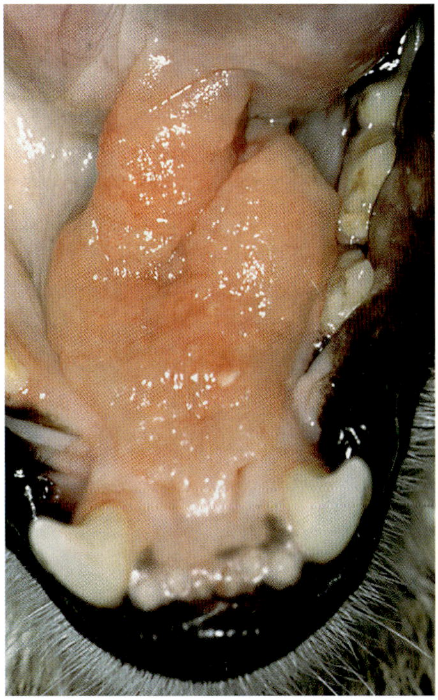

▲ c) Eosinophile Granulome können allein durch ihre Größe und Lokalisation eine Behinderung bei der Futteraufnahme darstellen wie in diesem Fall, bei dem der gesamte Unterzungenbereich und das Zungenbändchen betroffen sind.

vielen verschiedenen Mundschleimhäuten. Die Granulome können so groß werden, dass die Futteraufnahme allein schon mechanisch behindert ist.

Betroffene Tiere zeigen eine deutliche Beeinträchtigung bei der Futteraufnahme, die sich schnell auf das Allgemeinbefinden niederschlägt.

Die Diagnose wird durch eine Biopsie (Gewebeprobe) gesichert. Im histopathologischen Bild finden sich die namengebenden eosinophilen Zellen.

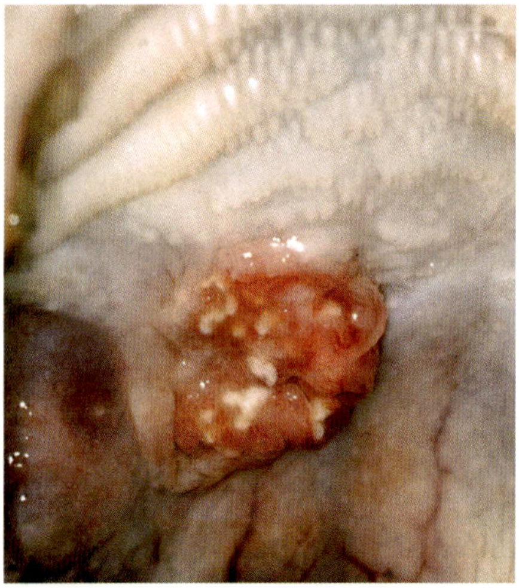

▲ a) Eosinophile Granulome haben in vielen Fällen eine weiße Stippelung wie in diesem Fall ein kleines Granulom im hinteren Gaumenbereich.

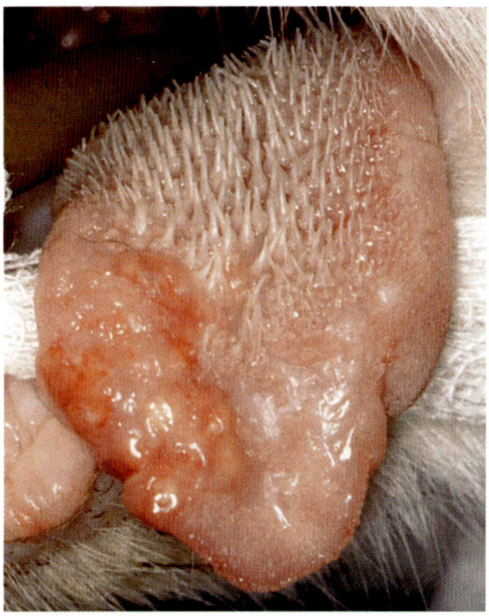

▲ b) Ein eosinophiles Granulom an der motorisch sehr aktiven Zunge ist natürlich bei der Futteraufnahme besonders störend.

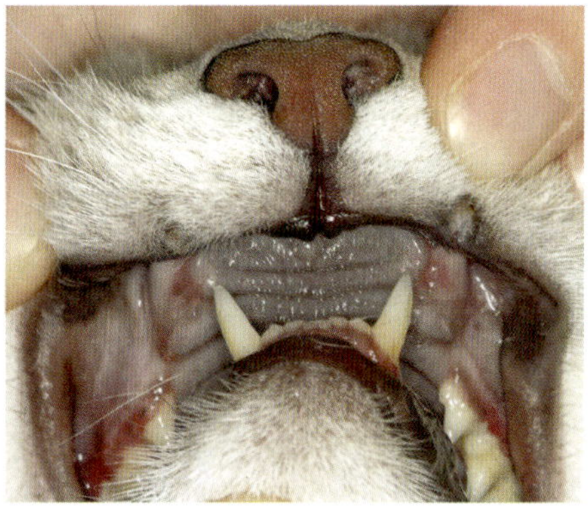

▲ Nicht zu verwechseln mit einem eosinophilen Geschwür der Lippe ist die Verletzung der Lippe durch den Einbiss des Unterkieferfangzahnes. Nach Entfernung eines oder beider Oberkieferfangzähne kann es zu einem etwas stärkeren Einfallen der Oberkieferlippe kommen, sodass die Spitze des Unterkieferfangzahnes die Lippe verletzt.

Bei der Behandlung des eosinophilen Granuloms kommen Medikamente zur Unterdrückung des Immunsystems zum Einsatz, um die überschießenden Reaktionen des Körpers zu eliminieren oder zumindest zu minimieren. Neben der Bekämpfung der Symptome versucht man außerdem, alle äußeren Einflüsse einzuschränken, die das Immunsystem belasten und damit die Ausprägung der Erkrankung begünstigen, sei es über Vermeidung von Stress oder die Anpassung des Futters (hypoallergenes Futter). Ein Wiederauftreten der Veränderungen ist möglich, sodass gegebenenfalls zyklisch behandelt werden muss.

Mundhöhlentumoren

Aufgrund der gestiegenen Lebenserwartung unserer Hauskatzen geraten besonders Alterserkrankungen immer mehr in den Fokus. Zu diesen sind auch bösartige Mundhöhlentumoren zu zählen, die vorwiegend bei älteren Katzen auftreten.

Verbrauchte Reparaturmechanismen der Körperzellen sowie über die Lebenszeit gesammelte Reize können bei einer einzelnen Zelle dazu führen, dass das genetische Material sich ändert und ein ungehemmtes Wachstum ausgelöst wird.

Wird bei der Katze ein Tumor festgestellt, so ist dieser mit hoher Wahrscheinlichkeit bösartig. Kennzeichen bösartiger Tumoren sind die Zerstörung des benachbarten Gewebes und die Metastasierung, das heißt die Bildung von Tochtergeschwülsten in anderen Regionen des Körpers. Die meisten Tumoren werden erst in einem weit fortgeschrittenen Stadium bemerkt. Dann ist eine Operation, bei der größere Anteile des Kiefers entfernt werden müssen, fast unvermeidlich. Solche Operationen werden von der Katze jedoch nur schlecht toleriert.

Die sich daraus ergebenden Konsequenzen zielen vor allem auf eine Früherkennung ab, um mit geringem Aufwand das Wachstum des Tumors zu verhindern und nur wenig Gewebe bei der Entfernung des Tumors opfern zu müssen, damit für das Tier die Lebensqualität erhalten bleibt.

Der mit Abstand häufigste bösartige Tumor bei der Katze ist das Plattenepi-

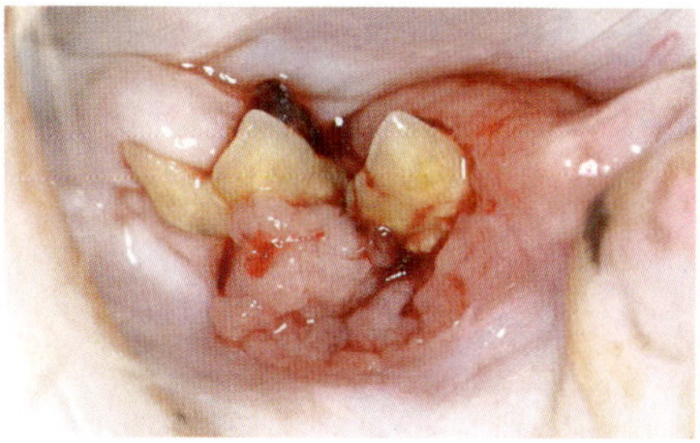

▲ a) Um Reißzahn und vierten Prämolaren des rechten Unterkiefers findet sich ein leicht verletzliches Plattenepithelkarzinom.

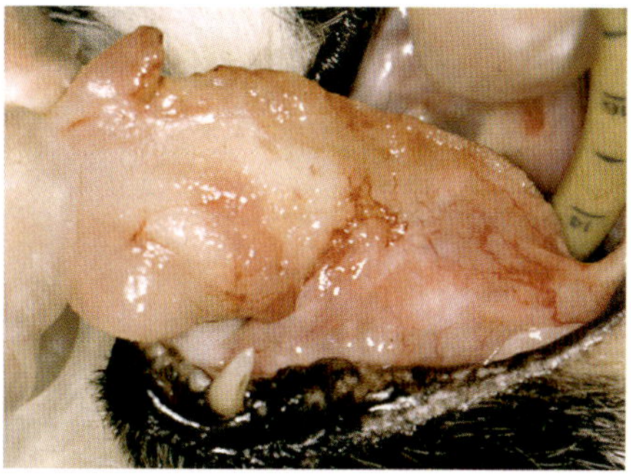

▲ b) Ein Karzinom der Zunge schränkt die Bewegung der Zunge stark ein. Aufgrund der versteckten Lage wird ein Tumor des Zungengrundes meist erst sehr spät entdeckt.

thelkarzinom. Das Durchschnittsalter betroffener Tiere liegt bei zehn Jahren. Häufig lange Zeit unentdeckt bleiben Plattenepithelkarzinome des Mundbodens und der Zunge, da diese bei Anschauen der Mundhöhle nicht augenfällig werden.

Ein weiterer bösartiger Tumor der Mundhöhle bei der Katze ist das Fibrosarkom. Dieses tritt jedoch wesentlich seltener auf.

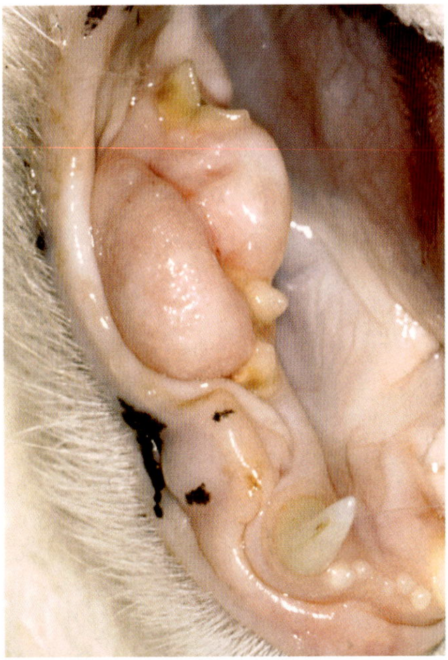

▲ Neben leicht verletzlichen, hochroten und weichen Tumoren können bösartige Tumoren auch einen eher derben Charakter aufweisen wie in diesem Fall ein Fibrosarkom des rechten Unterkiefers.

Katzen mit bösartigen Tumoren bleiben lange Zeit klinisch unauffällig. Erst wenn durch den Tumor Behinderungen beim Fressen auftreten oder zusätzlich Entzündungen und Geschwüre an der Oberfläche des Tumors hinzutreten, kommt es zur Entwicklung einer deutlichen Schmerzsymptomatik. Durch

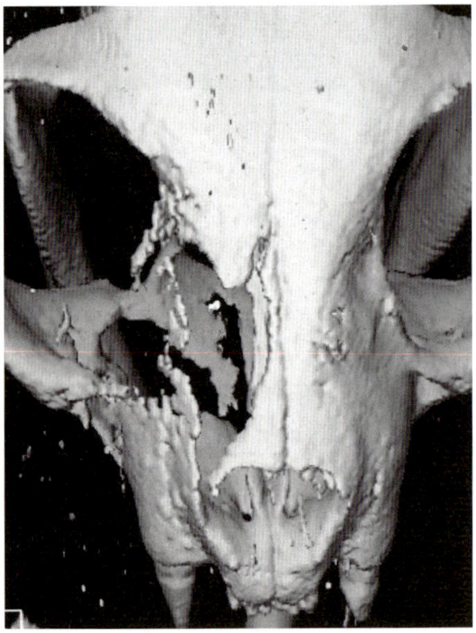

▲ Durch das invasive Wachstum bösartiger Mundhöhlentumoren können riesige Areale des Kiefers oder des Schädels zerstört sein, obwohl klinisch lediglich die Vermehrung des Weichgewebes zu sehen ist. Schnittbildtechniken (Computertomographie, Kernspintomographie) sind daher zur Darstellung des Ausmaßes sehr hilfreich. In diesem Bild sieht man in einer Rekonstruktion von Röntgenschichtaufnahmen die Zerstörung der rechten Gesichtshälfte durch einen Tumor des Oberkiefers.

das Einwachsen eines bösartigen Tumors in benachbarte Strukturen kann es zu Zahnlockerung oder -verlust kommen, zur Mitbeteiligung der Nase oder der Augenhöhle oder auch zur Fraktur des Kiefers infolge Schwächung des Knochens.

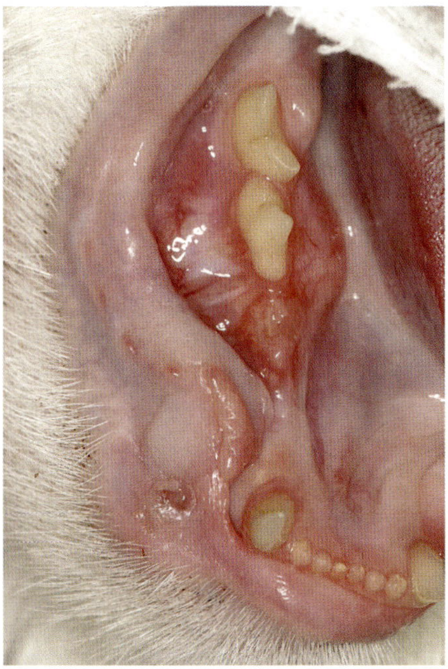

▲ a) Nicht immer muss ein bösartiger Tumor gleich als große Umfangsvermehrung wahrzunehmen sein. In diesem Fall ist das Erscheinungsbild eines Plattenepithelkarzinoms des rechten Unterkiefers eher unauffällig und könnte genauso gut ein rein entzündlich bedingter Prozess sein. Aufschluss gibt eine Gewebeprobe (Biopsie).

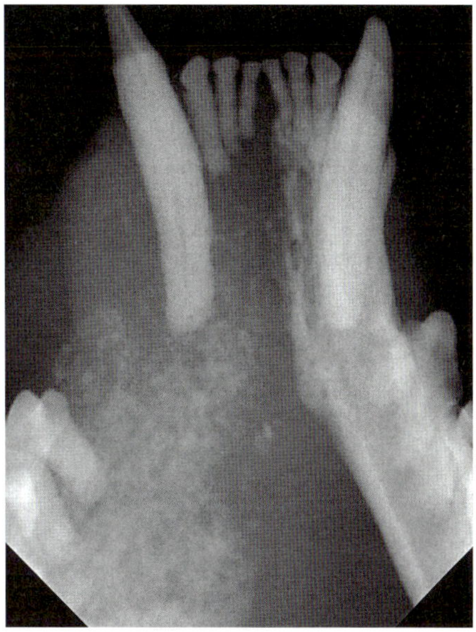

▲ b) Bereits im zugehörigen Röntgenbild zeigt sich die Zerstörung des gesamten rechten Unterkiefers mit weit fortgeschrittener Auflösung des Kieferknochens.

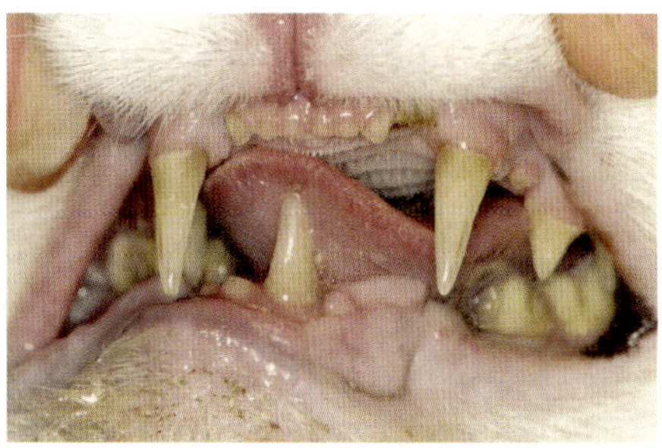

▲ c) Durch die Auflösung des Kieferknochens kann es zu einer krankhaften (pathologischen) Fraktur kommen. In diesem Fall zeigt sich eine Verschiebung des Unterkiefers nach rechts, weil der rechte Unterkieferast aufgrund eines Plattenepithelkarzinoms gebrochen ist.

Die Diagnose Plattenepithelkarzinom sollte trotz der Häufigkeit dieser Tumorart nicht durch Draufschauen gestellt werden. Erst nach röntgenologischer und histopathologischer Untersuchung ist die Diagnose gesichert und objektiviert. Es wäre fatal, wenn die klinische Untersuchung die Diag-

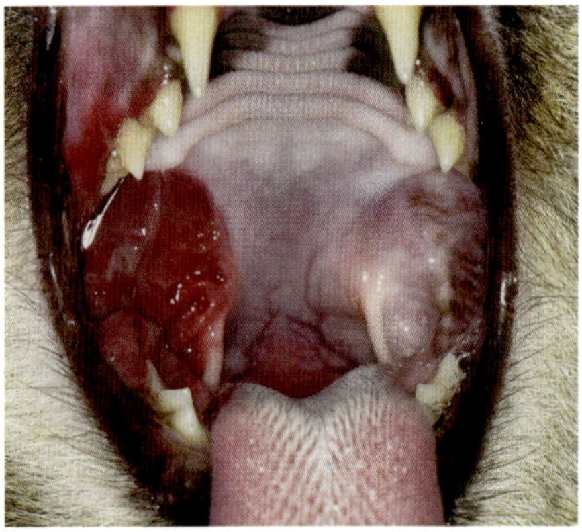

▲ a) Ein Plattenepithelkarzinom kann einer Entzündung gleichen wie in diesem Fall bei Rötung und leichter Schwellung im rechten Rachenbereich. Die Asymmetrie einer solchen Entzündung im Rachenbereich sollte jedoch immer ein Alarmsignal sein und über eine Biopsie abgeklärt werden.

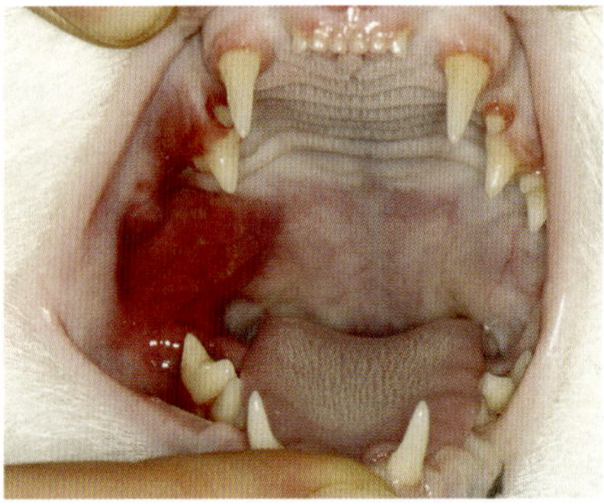

▲ b) Als Gegenstück zum vorherigen Bild zeigt sich hier eine reine Entzündung ohne Hinweis auf ein tumoröses Geschehen.

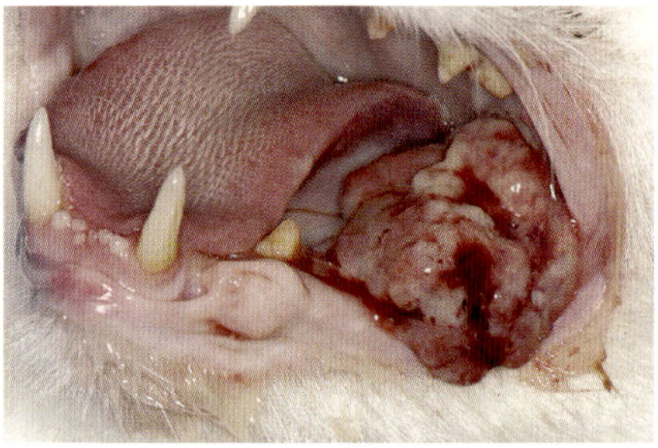

▲ a) Nicht jede Gewebszunahme ist mit einem bösartigen Tumor gleichzusetzen, egal wie bösartig die Veränderung auch erscheinen mag. In diesem Fall handelte es sich um eine riesige Umfangsvermehrung am linken Unterkiefer, die durch den Einbiss des Oberkieferreißzahnes entstanden war.

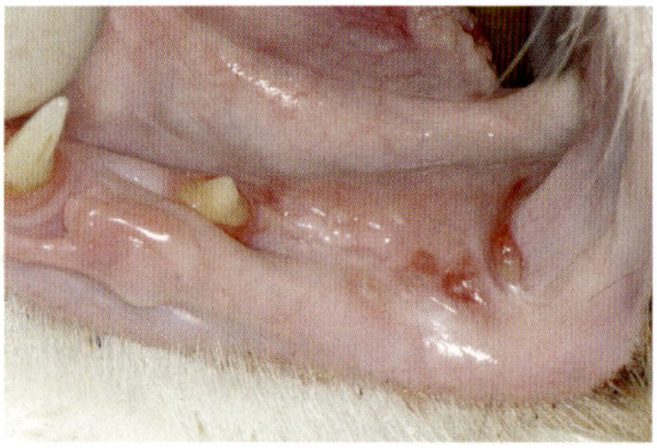

▲ b) Nach Entfernung des entzündlich bedingten »Tumors« und Extraktion des Oberkieferreißzahnes kam es zur vollständigen Abheilung. Ohne detaillierte Untersuchung und Gewebeprobe hätte diese bösartige Umfangsvermehrung zur Euthanasie der Katze führen können.

nose bösartiger Tumor ergibt und das Einschläfern des Tieres nach sich zieht, obwohl eigentlich gar kein bösartiger Tumor vorlag. Denn es gibt vielerlei ähnlich ausschauende Umfangsvermehrungen, deren Behebung einfach und deren Prognose gut ist. Durch Röntgen und Biopsie können sich daher die Prognose und die Konsequenzen für die Katze gravierend ändern.

Die beste Prognose ergibt sich bei frühzeitiger Erkennung des bösartigen

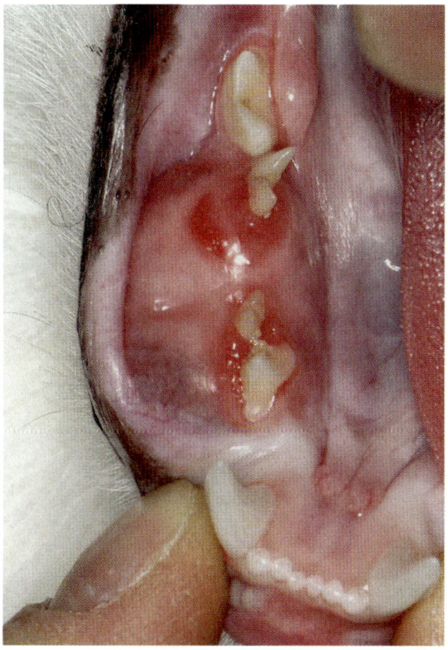

▲ a) Die meisten Mundhöhlentumoren der Katze sind bösartig. Dennoch lohnt sich eine genaue Untersuchung. In diesem Fall handelt es sich um einen gutartigen Tumor der Zahnanlagen, der dramatisch aussieht, jedoch »geheilt« werden kann.

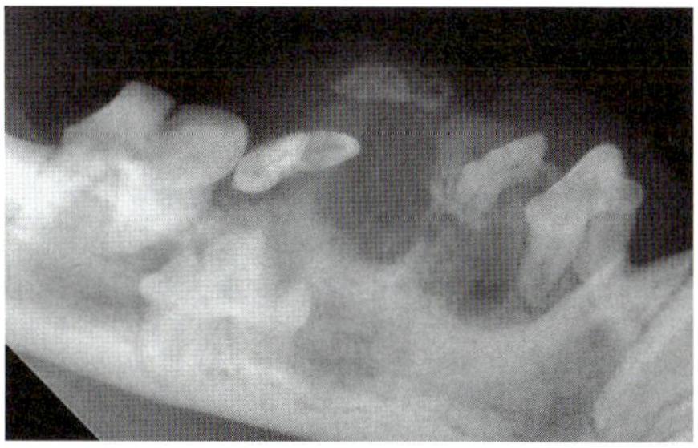

▲ b) Im Röntgenbild zeigen sich überzählige und falsch im Kiefer liegende Zähne innerhalb des Tumors.

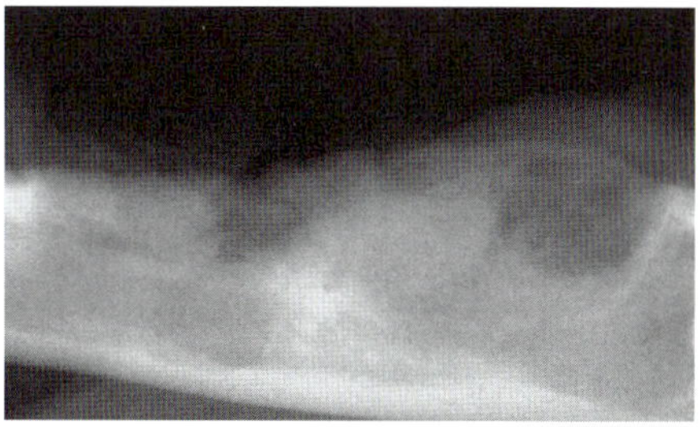

▲ c) Die Entfernung des Tumors schließt die Entfernung aller überzähligen Zähne ein, was röntgenologisch kontrolliert wird.

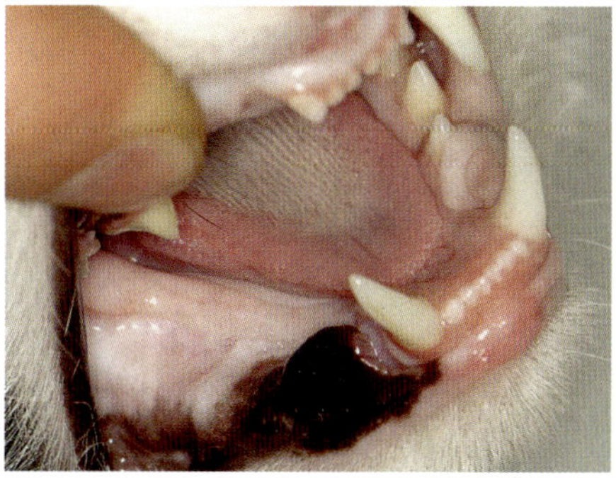

▲ d) Bei ausreichender Entfernung des Tumorgewebes und mitbetroffener Zähne kommt es bei diesem Tumor zur vollständigen Ausheilung ohne Einschränkung der Lebenserwartung der Katze.

Tumors und seiner vollständigen chirurgischen Entfernung. Zusätzlich kann der Körper immunstimulativ zu einer besseren Abwehr angeleitet werden oder bei inkompletter Entfernung des Tumors eine Strahlentherapie erwogen werden.

Odontogene Tumoren (Tumoren der Zahnanlagen) sind bei der Katze selten, können jedoch bei Auftreten ein bösartiges Aussehen mitbringen. Im Gegensatz zum Plattenepithelkarzinom handelt es sich um Tumoren, die aufgrund des Zusammenhangs mit der Zahnentstehung bereits beim jungen Tier auftreten können. Als Besonderheit ist der induktive odontogene Tumor der Katze zu nennen, bei dem Zähne oder zahnartige Gebilde entstehen, die den Kiefer massiv auftreiben können. Nach Entfernung der beteiligten Zähne und des veränderten Gewebes ist ein Wiederauftreten gebannt und das Tier wieder gesund (Defektheilung).

Kieferfrakturen

Das waghalsige Verhalten mancher Katze führt nicht selten zu Stürzen aus großer Höhe. Dass die meisten Katzen dabei auf allen vier Pfoten landen, ist zwar richtig. Allerdings schlägt bei diesen Stürzen der Kopf häufig ungebremst zwischen den Vorderpfoten auf den nackten Asphalt. Ähnlich verhält es sich bei einem Zusammenstoß der Katze mit einem fahrenden Auto. Oft bricht der Unterkiefer in solchen Fällen im Bereich der Unterkiefermitte oder der Eckzähne sowie im Kiefergelenk. Oberkieferfrakturen können ebenso vorkommen. Die Knochen des Oberkiefers stabilisieren sich jedoch zumeist an den anderen Schädelknochen und gegeneinander, sodass eine Heilung leichter vonstatten geht. Die Ursache einer Kieferfraktur ist somit fast immer ein Trauma, welcher Art es auch sei.

Die betroffenen Tiere zeigen neben einem eingeschränkten Allgemeinbefinden häufig Störungen im Kieferschluss durch Störkontakte an Zähnen oder Verlagerung der gebrochenen Kieferanteile. Die Futteraufnahme ist behindert und meist fließt vermehrt Speichel, zum einen aufgrund des gestörten Kieferschlusses, zum anderen aufgrund der Schmerzhaftigkeit. Neben dem Kieferbruch selbst finden sich häufig Verletzungen der Weichteile und der Zähne, wodurch der Bruch weiter verkompliziert wird.

Die Diagnose wird klinisch sowie durch Röntgenaufnahmen gestellt. Die Behandlung besteht in der Stabilisierung der gebrochenen Knochen gegeneinander. Dies kann invasiv erfolgen über Drahtcerclagen durch die Knochen oder

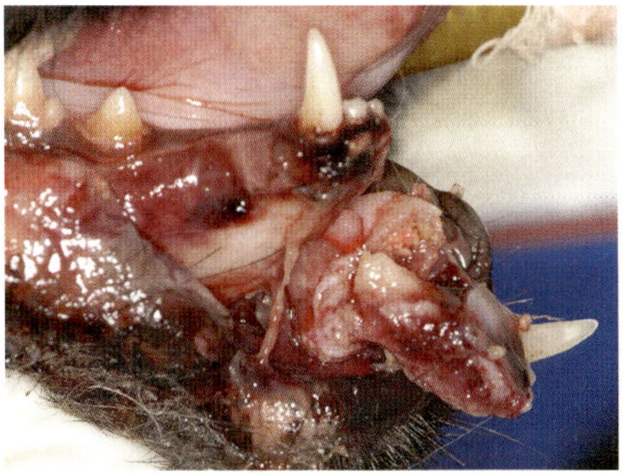

▲ a) Bei Autounfällen kann es wie in diesem Fall zu massiver Zerstörung der Kiefer kommen. Der Unterkiefer ist in der Mitte gebrochen, die Unterkieferfront ist samt Zähnen nach vorne ausgebrochen.

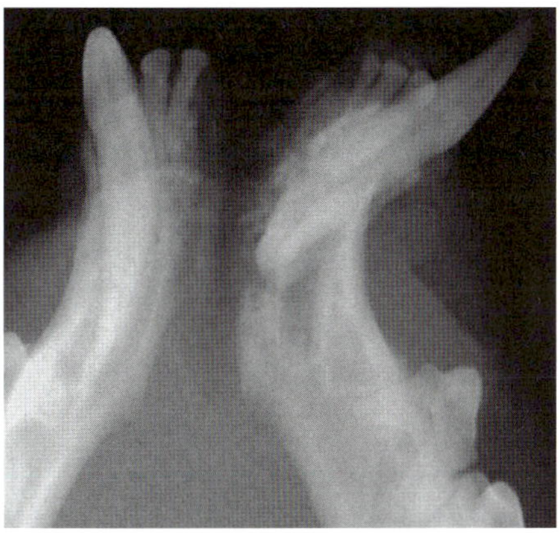

▲ b) Im zugehörigen Röntgenbild zeigt sich die Zerstörung des knöchernen Unterkieferanteils noch deutlicher.

das Einbringen einer Osteosyntheseplatte. Häufig jedoch kann die Fraktur auch nichtinvasiv über eine Schienung der Zähne stabilisiert werden, sodass die Verletzung von Zahnwurzeln ausgeschlossen ist, wie sie durch das

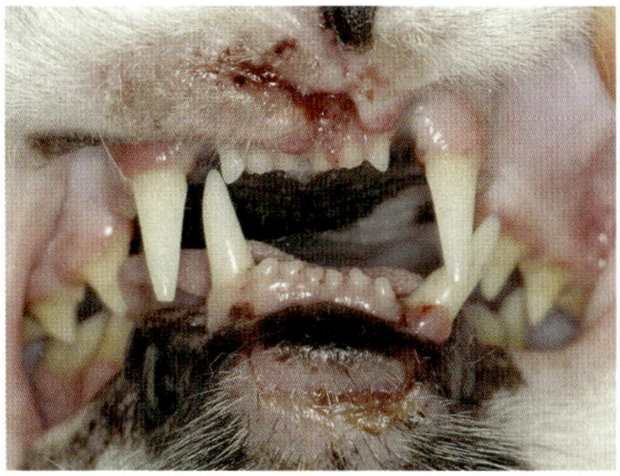

▲ a) Zwar ist die Unterkiefermitte für Frakturen prädisponiert, durch die Hebelwirkung der Eckzähne kann es in deren Wurzelbereich jedoch auch zu Schrägfrakturen des Unterkiefers kommen. In diesem Fall zeigen sich klinisch eine Behinderung des Kieferschlusses und eine Stellungsänderung des linken Unterkieferfangzahnes.

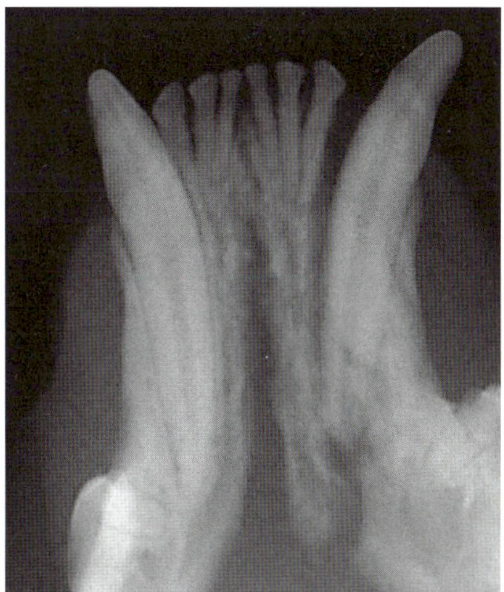

▲ b) Im zugehörigen Röntgenbild sieht man die Frakturlinie im Bereich der Wurzelspitze des Unterkieferfangzahnes.

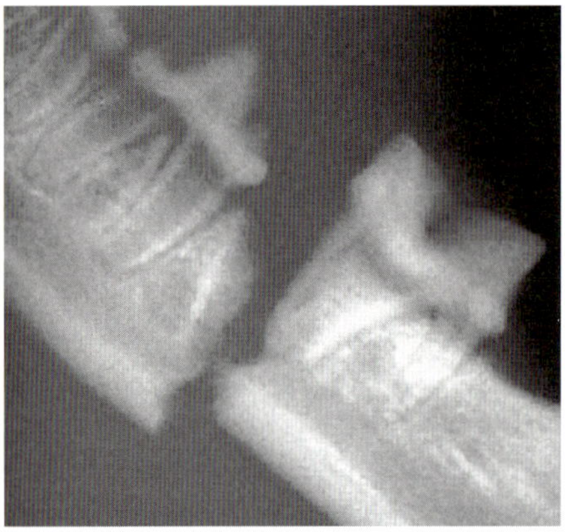

▲ In diesem Fall zeigt sich eine Fraktur zwischen Unterkieferreißzahn und Prämolar, die Frakturenden werden durch den Muskelzug gegeneinander verschoben.

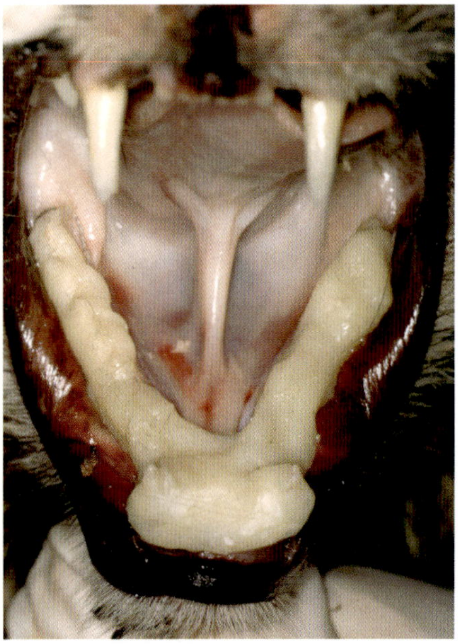

▲ Zur Schienung und Stabilisierung der Fraktur kann eine Kunststoffverblockung der Zähne genutzt werden.

Einbringen von Cerclagedrähten oder Knochenschrauben verursacht werden kann.

Die häufigste Fraktur ist die Sprengung der Unterkiefersymphyse (Unterkiefermitte). Dort treffen rechter und linker Unterkieferast aufeinander und sind über fasriges Bindegewebe miteinander verbunden. Ein Cerclagedraht um den Unterkieferkörper herum stabilisiert die Äste wieder gegeneinander und erlaubt eine gute Funktionalität auch in der Heilungsphase.

Bei Frakturen nahe am Kiefergelenk kann es dagegen notwendig werden, vorübergehend für eine Ruhigstellung des Unterkiefers zu sorgen. Durch Ver-

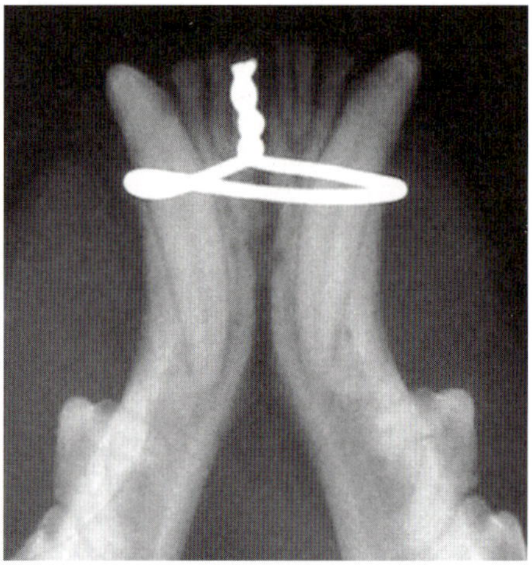

▲ Die Sprengung der Unterkiefersymphyse wird zumeist über eine um den Kiefer herumlaufende Drahtcerclage behandelt, wie in diesem Röntgenbild ersichtlich.

blockung der Ober- und Unterkiefercanini miteinander wird eine Bewegung des Unterkiefers verhindert, die damit ruhiggestellte Kiefergelenksregion kann ausheilen. In der Heilungszeit muss das Tier suppig ernährt werden oder gegebenenfalls mithilfe einer Ernährungssonde. Der Einsatz von Sonden ist unproblematisch, spezielle Futter zur Sondenernährung vermeiden ein Verstopfen der Sonde und decken den Energiebedarf des kranken Tieres. Einmal gelegt, verbleibt die Sonde so lange am Tier, bis es eigenständig Futter aufnehmen kann. Die Kieferverblockung wird in der Regel nur für circa zwei Wochen notwendig, dann ist für eine weitere Heilung ausreichend Stabilität erreicht.

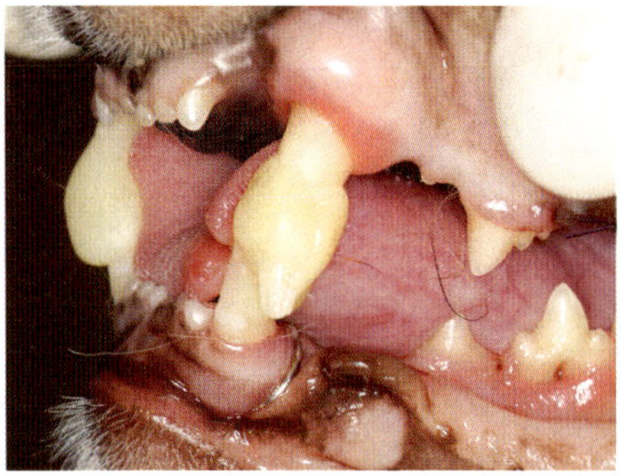

▲ Bei kiefergelenksnahen Frakturen wird in manchen Fällen eine Verblockung von Ober- und Unterkiefer notwendig, um Ruhe in den Frakturbereich zu bringen. Genutzt wird zumeist eine Verriegelung der Kieferöffnung durch eine Kunststoffbrücke zwischen Ober- und Unterkieferfangzähnen.

Kiefergelenksluxation

Eine Kiefergelenksluxation entsteht, wenn das Kiefergelenksköpfchen durch ein mechanisches Trauma aus seiner sehr engen Pfanne herausgehoben und nach vorne verlagert wird. Eine Verlagerung nach hinten ist sehr selten und mit einer Fraktur eines sich hinter dem Kiefergelenk befindenden Knochenfortsatzes (Processus retrocondylaris) verbunden. Die Verlagerung nach vorne führt gleichzeitig zu einer Seitwärtsverlagerung des Unterkiefers zur gesunden Seite, ein Kieferschluss ist nicht mehr möglich. Im Umkehrschluss heißt das: Es kann keine Kiefergelenksluxation vorliegen, wenn ein Kieferschluss möglich ist.

Meist ist eine unblutige Rückverlagerung des Kiefergelenkköpfchens in seine Pfanne möglich. Hierzu wird über einen Hebelmechanismus an der Zahnreihe der Unterkiefer aus der falschen Position herausgehoben und in die Gelenkspfanne zurückversetzt.

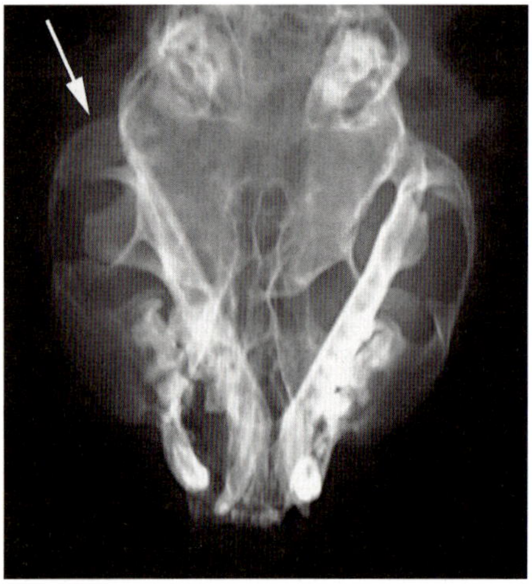

◀ Bei einer Kiefergelenksluxation kann der Mund nicht geschlossen werden, weil das Kiefergelenksköpfchen aus der Gelenkspfanne herausgesprungen ist (weißer Pfeil) und es dadurch zu einer Unterkieferverlagerung mit Störkontakten an den Zähnen kommt.

Maßnahmen zur Vorbeugung von Zahnerkrankungen bei der Katze

Zahnpflege

Die Forderung nach aktiver Zahnpflege wird bei vielen Katzenbesitzern nur ein müdes Lächeln hervorrufen. Nach dem Lesen dieses Buches sollte sich die Frage nach der Notwendigkeit einer Verbesserung der Zahnhygiene auch bei der Katze nicht mehr stellen.

Zähneputzen

Zur Vermeidung von Verletzungen für Katze und Katzenbesitzer sollte das Prozedere beim Zähneputzen langsam eingespielt werden. Nichtsdestotrotz wird es immer Tiere geben, die für eine Zahnpflege nicht zugänglich sind. In diesen Fällen sollten Sie auch nicht um jeden Preis versuchen, Ihrem Tier das Zähneputzen doch noch beizubringen. Sorgen Sie stattdessen dafür, dass in regelmäßigen Intervallen eine professionelle Zahnreinigung unter Narkose vorgenommen wird. Die erreichbaren maximalen Intervalle sind von Tier zu Tier verschieden und müssen individuell abgestimmt werden. Zur Vergrößerung der Intervalle ist eine geeignete Fütterung (siehe S. 94) die sinnvollste Maßnahme, da die Futteraufnahme für jedes Tier zum Leben dazugehört und sich die selbsttätige Zahnpflege auf diese Weise ohne größeren Aufwand in den normalen Alltag integrieren lässt.

Am Beginn steht die Gewöhnung der Katze an die Zahnpasta. Diese sollte gut schmecken. Für verschiedene Geschmäcker stehen unterschiedliche Geschmacksrichtungen zur Verfügung, hauptsächlich finden sich Hühnchen- und Fischgeschmack (Petosan-Zahnpasta, Denticur-Zahnpaste, C.E.T. Enzymatische Zahnpasta). Humanzahnpasta darf nicht verwendet werden, weil diese nicht abgeschluckt werden darf und auch geschmacklich eher dazu geeignet ist, der Katze das Zähneputzen zu verleiden. Alternativ kann Schlemmkreide (Kalziumkarbonatpulver) mit Flüssigkeit jeglicher Geschmacksrichtung angemischt werden, um eine für die Katze schmackhafte Paste herzustellen, die auch den notwendigen Reinigungseffekt mitbringt. Die Paste wird zunächst auf dem Finger zum Abschlecken angeboten, oder sie wird mit dem Finger auf Zunge oder Lippe aufgebracht. Ist die

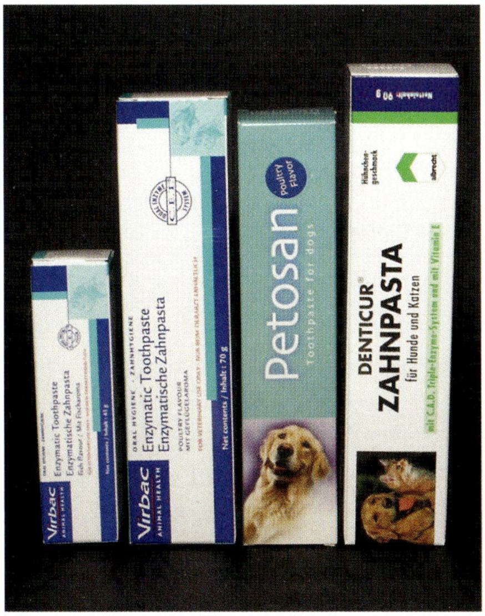

▲ Zur Zahnpflege stehen viele unterschiedliche Zahnpasten zur Verfügung. Gemeinsam sollte diesen Pasten sein, dass sie gut schmecken (zum Beispiel Hühnchen- oder Fischgeschmack), Schleifkörper zur Entfernung von Zahnbelägen enthalten und unbedenklich abgeschluckt werden können.

▲ Zur Pflege eignen sich bei der Katze spezielle sehr kleine Katzenzahnbürsten oder Kurzkopfzahnbürsten.

Paste akzeptiert, geht man zum nächsten Schritt über, der Gewöhnung an die Zahnbürste.

Da Zähneputzen bei zierlichen kleinen Katzen ebenso notwendig ist wie bei großen Katzen, müssen auch unterschiedliche Werkzeuge zur Zahnpflege zur Verfügung stehen. Die Auswahl reicht von kleinen Einzelbüschelzahnbürsten bis zu Kurzkopfzahnbürsten. Aufgrund der reinigungsfreundlichen Zahnform der Katzenzähne ist der Einsatz einer Doppelkopfzahnbürste möglich, mit der Innen- und Außenflächen der Zähne in einem Arbeitsgang gereinigt werden können. Durch die im Winkel zueinander angeordneten Bürstenköpfe der Doppelkopfzahnbürste wird zusätzlich eine taktile Führung der Bürste auf der Zahnreihe ermöglicht, die Bürste »läuft wie auf Schienen«.

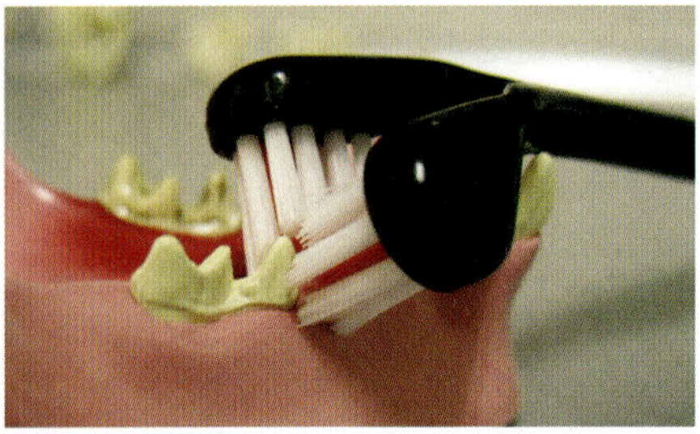

▲ Zur Erleichterung der Führung der Zahnbürste auf der Zahnreihe sind besonders kleine Doppelkopfzahnbürsten geeignet. Nach Sperrung des Kieferschlusses (Finger zwischen die kleinen Backenzähne) hat man eine sichere Führung auf der Zahnreihe durch die entgegengesetzt angeordneten Bürstenköpfe.

Beginnen Sie damit, die Lefze im Seitenzahnbereich anzuheben beziehungsweise durch Einlegen eines Fingers nach hinten zu ziehen. Dadurch haben Sie freien Blick auf die Außenflächen der Backenzähne, die mit einfachen Rüttel- und Schrubbbewegungen gereinigt werden. Folgende Zahnreinigungsmethode ist zu empfehlen:

- Die Zahnbürste wird in einem Winkel von 45 Grad im Bereich des Übergangs zwischen Zahn und Zahnfleisch angesetzt.
- Durch Rüttelbewegungen wird die in der Vertiefung zwischen Zahnkrone und Zahnfleisch liegende Plaque gelockert.
- Durch Auswischbewegungen vom Zahnfleisch Richtung Zahnkrone (Rot-weiß-Technik) werden die gelockerten Beläge entfernt.

Für solch ausgereifte Techniken bleibt jedoch häufig keine Zeit, da die Katze nur begrenzt mitarbeitet. Allerdings sorgen auch die einfachen Schrubbbewegungen bereits für gute Resultate. Und Putzdefekte infolge schlechter Putztechnik sind noch bei keiner Katze beobachtet worden. Wichtig dabei: Vergessen Sie niemals die Zahnpasta, da diese durch guten Geschmack die Akzeptanz erhöht und durch ihre Schleifkörper eine verbesserte Reinigung der Zahnoberflächen gestattet.

Wird die Putzaktion im Backenzahnbereich geduldet, können Sie dazu übergehen, die etwas schwierigere Frontzahnregion in Angriff zu nehmen. Hierbei sollten Sie darauf achten, beim Anheben der Lefzen diese nicht über den spitzen Fangzahn zu pressen, was unweigerlich sofortige Abstrafung seitens der Katze nach sich zieht.

Neben den Außenflächen sollen auch die Innenflächen der Zähne für die Zahnpflege zugänglich gemacht werden. Ein Aufsperren der Kiefer ist hierfür unerlässlich. Durch Einpressen eines Fingers zwischen die kleinen Ober- und Unterkieferbackenzähne direkt hinter den Fangzähnen werden die Kiefer geöffnet. Um nicht in der Tiefe der Mundhöhle irgendetwas, nur nicht die Zähne zu putzen, bietet sich nun der Einsatz der Doppelkopfzahnbürste an.

Aber auch wenn ein Putzen der Innenflächen nicht möglich sein sollte, durch die Reinigung der Außenflächen insbesondere der Oberkieferbackenzähne wird dennoch ein Großteil der sich ansammelnden Beläge erfasst. Ausschlaggebend für die vermehrte Plaque- und Zahnsteinansammlung auf den Außenflächen der Oberkieferbackenzähne sind folgende Aspekte:

- Die Ausführungsgänge der Ohr- und Jochbogenspeicheldrüsen enden auf Höhe der Oberkieferreißzähne im Mundvorhof; Mineralien im Speichel bilden die Grundlage für die Auskristallisation von Plaque.
- Die reinigende Kauaktivität ist auf die Innenflächen der Oberkieferbackenzähne und die Außenflächen der Unterkieferbackenzähne beschränkt.
- Die reinigende Zungenwirkung erfolgt an den Innenflächen der Zähne.

Ist der Einsatz einer Zahnbürste nicht möglich, kann die Reinigung auch mit einem Fingerling aus Microfaser vorgenommen werden. Von Vorteil ist, dass die Katze in der Regel bereits an die Hand und die Finger des Besitzers gewöhnt ist und den Fingerling nicht als »fremdes« Werkzeug empfindet. Von Nachteil ist, dass enge Gebissabschnitten mit dem zum Katzenkiefer vergleichsweise relativ großen Finger nur bedingt erreicht werden.

Info

Eine besondere Problemzone

Die vermehrte Ansammlung von Zahnbelag und eine geringere Selbstreinigung prädestinieren die Außenflächen der Oberkieferbackenzähne für ein deutliches Plaque- und Zahnsteinwachstum. Eine Reinigung dieser Flächen ist daher von eminenter Bedeutung im Rahmen der Parodontalprophylaxe.

Weil Zahnpflege auch bei der Katze eine sinnvolle Maßnahme darstellt, sollte jeder Besitzer austesten, was bei seinem Tier möglich ist. Vor allem die konsequente Umsetzung und ein langer Atem bringen hier den Erfolg.

Zahn- und Zahnfleischpflegeprodukte

Zur Optimierung der häuslichen Zahnpflege werden Substanzen eingesetzt, welche die Zahnreinigung verbessern, die bakterielle Beladung reduzieren sowie die Abwehr des Zahnfleisches verbessern und es gesund erhalten.

Die einfachste Methode, Zahn- und Zahnfleisch mit den wirksamen Substanzen in Kontakt zu bringen, ist die Beifügung in die verwendete Zahnpasta. In vielen Tierzahnpasten sind daher z. B. Enzymsysteme integriert wie Lactoperoxidase und Glukoseoxidase. Die Wirkung beruht vor allem auf der Bildung von antibakteriellem Hypothiocyanat, durch welches Bakterien eliminiert werden, die von der mechanischen Reinigung nicht erfasst wurden.

Eine gute antibakterielle Wirkung besitzt auch der Zusatz von Chlorhexidin (Parodongyl, Virbac), ebenso kommt Medizinalrhabarber in Zahnpasten zum Einsatz, welcher die Entwicklung der bakteriellen Plaque behindert (Denticur RF2).

Ein anderer Ansatz wird durch die Anwendung von mikrokristallinem Zahnwachs verfolgt. Die Pionierbakterien, die ersten Bakterien auf der sauberen Zahnoberfläche, nutzen spezifische Mechanismen, um sich an der glatten Oberfläche des Schmelzes zu halten. Erst nach Vorbereitung des Zahnes mit Bakterien und Speichelbestandteilen kommt es zum Wachstum der Beläge. Unterbindet man nun die Besiedlung der Zahnkrone durch die Pionierbakterien, wird das Zahnbelagswachstum deutlich behindert. Auf eben diese Weise arbeitet ein mikrokristallines Gelwachs (Dentisan, Alfavet), das einfach mit dem Finger auf den feuchten Zahn aufgebracht werden kann. Die weitere Verteilung übernimmt die Zunge der Katze selbst. Von Vorteil ist, dass dieses Wachs auch auf dem feuchten Zahn verteilt werden kann und trotzdem haftet. Der positiv geladene Molekülanteil haftet am Zahn, der hydrophobe Anteil hemmt die Bakterienbesiedlung des Zahnes. Die Bakterien finden eine »Rutschbahn« vor, die für circa einen Tag eine Anheftung fast unmöglich macht. Daher ist Zahnwachs als Ergänzung nach dem Zähneputzen zu betrachten.

Ein ähnlicher Wirkungsmechanismus wird durch einen niedrig viskösen Sealer (OraVet, Merial) erzielt, der einmal wöchentlich aufgetragen die neuerliche Formation von Plaque vermindert (z. Zt. lediglich in den USA erhältlich).

Zum Auftragen auf Zähne und Zahnfleisch ist auch ein flüssiges Zahnpflegeprodukt (Maxi/Guard Oral Cleansing Gel, Addison Biological Laboratory) gedacht, das seine Wirkung durch die Kombination von Zinkascorbat und Taurin entfaltet. Durch Verbesserung der Gewebekonstitution wird weniger Zellabfall produziert, der wiederum für die bakterielle Belagsbildung fehlt. Zusätzlich werden durch Zinkascorbat anaerobe Bakterien der Plaque zerstört.

Die Unterstützung der Zahnfleischgesundheit bzw. die Eliminierung einer Zahnfleischentzündung steht im Fokus von Substanzen wie Vitamin C und E, Zink und Selen (Astorin Dental-Aid K, almapharm). Die Funktion des Immunsystems wird optimiert und schädigende Einflüsse auf das Zahnfleisch werden z. B. durch das Abfangen von freien Radikalen gemindert.

Bei lokalen Entzündungen wird insbesondere die antibakterielle Wirkung von Chlorhexidin genutzt, zudem erschwert Chlorhexidin die Anlagerung von Bakterien an den Schmelz. Zur Verfügung stehen Mundspüllösungen (Denticur-Mundspüllösung, Albrecht; Hexarinse-Mundspüllösung, Virbac), die allerdings wegen der Gefahr des Verschluckens nur in begrenzter Menge bzw. zum Touchieren des Zahnfleischs einsetzbar sind. Haftpasten, die mit dem Finger direkt auf das Zahnfleisch aufgetragen werden, entfalten ihre Wirkung aufgrund der längeren Kontaktdauer auch über einen längeren Zeitraum (Dentisept, Albrecht).

Futtermittel zur Verringerung der Zahnbelagsbildung

Wie schon angesprochen gestaltet sich die aktive Zahnpflege mit Zähneputzen bei der Katze nicht in jedem Fall einfach. Daher ist die Suche nach Alternativen oder Ergänzungen vielleicht wichtiger als beim Hund.

Neben der rein mechanischen Entfernung der Zahnbeläge durch das Zähneputzen kann die neuerliche Anheftung von Bakterien und Belägen auch durch die Verbesserung der selbsttätigen Reinigung während der Nahrungsaufnahme durch ausreichend strukturiertes Futter minimiert werden. Grundgedanke hierbei ist, dass ein Futtermittel geeigneter Größe und Struktur die Anlagerung weicher Beläge verhindert bzw. bereits angesammelte Beläge beseitigt. Diese Funktion kann sowohl durch Weichfutter wie z.B. einem größeren Stück Fleisch als auch durch Hartfutter wie z.B. Kroketten und Pellets geleistet werden, indem die Kauaktivität erhöht wird. In diesem Zusammenhang muss man sicherlich auch auf die aktuell diskutierte Rohfütterung zu sprechen kommen.

Neben allen Vor- und Nachteilen für den Gesamtorganismus sind aus tierzahnheilkundlicher Sicht folgende Aspekte interessant:

- Die selbsttätige Reinigung der Zähne wird aufgrund notwendiger Mehrleistung beim Zerbeißen und Zerreißen von Fleischbrocken im Vergleich zu einem unstrukturierten Nassfutter ohne Reinigungsfunktion verbessert.
- Die Gabe von Knochen begünstigt die Entstehung von Zahnfrakturen.
- Die Herstellung einer Gesamtfutterration mit einer ausgewogenen Versorgung an Nährstoffen, Mengen- und Spurenelementen ist insbesondere bei wachsenden Tieren nicht einfach, bei Über- und Unterversorgungen mit einzelnen Komponenten können Störungen in der Zahnentwicklung auftreten.

Unterscheiden muss man zwischen Alleinfuttermitteln mit Zahnpflegeeffekt und zahnpflegenden Ergänzungsfuttermitteln. Zahnpflegende Alleinfuttermittel sollten den ernährungstechnischen Tagesbedarf der Katze vollständig abdecken, die Zähne reinigen und sich durch eine gute Akzeptanz auszeichnen. Die individuelle Anpassung des Futters an die Bedürfnisse des

Tieres kann in der Tierarztpraxis abgestimmt werden. Die Ergänzungsfuttermittel können sich allein auf den zahnreinigenden Effekt konzentrieren. In diesem Zusammenhang muss darauf geachtet werden, ob aufgrund der Gabe solcher »Zahnleckerli« die Gesamtration des Futters reduziert werden muss, um nicht zu viel Energie zuzuführen.

Die folgenden Angaben zu Futtermitteln können nur eine Momentaufnahme darstellen, da deren Zusammensetzung ständig den neuesten wissenschaftlichen Erkenntnissen angepasst wird. Aktuelle Veränderungen können bei den einzelnen Herstellern z. B. über das Internet erfragt werden.

Zahnpflege-Alleinfuttermittel

Dental (Royal Canin)

Trockenfuttermittel mit Zahnreinigungseffekt

Zusammensetzung: Geflügelmehl, Weizenkleberfutter, Reis, Mais, Maisfuttermehl, Tierfett, Lignozellulose, tierisches Proteinhydrolysat, Mineralstoffe, Rübentrockenschnitzel, Ei getrocknet, Fischöl, Fructo-Oligosaccharide, Sojaöl, Flohsamen, L-Lysin, DL-Methionin, Natriumtriphosphat, Hefe, Taurin, Tagetesextrakt.

Natriumtriphosphate binden im Speichel enthaltenes Kalzium, welches somit nicht für die Zahnsteinbildung zur Verfügung steht.

Inhaltsstoffe (%)	
Rohprotein	29
Rohfett	15
Kohlenhydrate	35,3
Rohasche	6,7
Rohfaser	6
Feuchtigkeit	8
Kalzium	1
Phosphor	0,65

Zusatzstoffe (mg/kg)	
Vitamin E	600
Vitamin C	300
Taurin	2600

Feline Care Nutrition Oral Sensitive 30 (Royal Canin)

Alleinfuttermittel zur Unterstützung der Zahnhygiene

Zusammensetzung: Geflügelmehl, Mais, Maiskleberfutter, Reis, Tierfett, Lignozellulose, tierisches Eiweiß (hydrolysiert), Rübentrockenschnitzel, Ei getrocknet, Natriumtriphosphate, Fructo-Oligosaccharide (FOS), Fischöl, Sojaöl, Psylliumsamen und -samenhüllen, DL-Methionin, L-Lysin, Taurin.

Inhaltsstoffe (%)	
Rohprotein	30
Rohfett	15
Stärke	28,1
Rohasche	7,4
Rohfaser	7,2
Feuchtigkeit	7
Kalzium	1,1
Phosphor	0,98

Zusatzstoffe (mg/kg)	
Vitamin E	600
Vitamin C	300
Taurin	2000

Prescription Diet Feline t/d (Hill's)

Trockenfuttermittel mit Zahnreinigungseffekt

Zusammensetzung: Hühner- und Truthahnmehl, gemahlener Mais, gemahlener Reis, Maiskleber, Zellulose, tierische Fette, Pflanzenöl, Proteinhydrolysat, Kaliumchlorid, Kalziumsulfat, Natriumchlorid, DL-Methionin, Dikalziumphosphat, Taurin, enthält EU-zugelassene Antioxidanzien.

Inhaltsstoffe (%)	
Rohprotein	32
Rohfett	15,6
NFE	31
Rohfaser	7,5
Feuchtigkeit	8,5
Kalzium	0,89
Phosphor	0,71

Zusatzstoffe (mg/kg)	
Vitamin E	550
Vitamin C	70
Taurin	1100

Science Plan Feline Oral Care (Hill's)

Trockenfuttermittel mit Zahnreinigungseffekt

Zusammensetzung: Hühner- und Truthahnmehl (mind. Huhn 43 %), gemahlener Reis, gemahlener Mais, Maiskleber, Zellulose, tierische Fette, Pflanzenöl, Proteinhydrolysat, Kaliumchlorid, Kalziumsulfat, Dikalziumphosphat, Natriumchlorid, DL-Methionin, Taurin, Vitamine und Spurenelemente mit natürlichen Stoffen zur Haltbarmachung.

Inhaltsstoffe (%)	
Rohprotein	32
Rohfett	15,2
Kohlenhydrate	32
Rohfaser	7,4
Feuchtigkeit	8
Kalzium	0,93
Phosphor	0,7

Zusatzstoffe (mg/kg)	
Vitamin E	550
Vitamin C	70
Taurin	1100

Zahnpflege-Ergänzungsfuttermittel

C.E.T. Kauröllchen (Virbac)

Ergänzungsfuttermittel für Katzen zur Unterstützung der Zahnreinigung

Zusammensetzung: gefriergetrockneter Fisch, Dextrose, Molkeeiweißpulver, Antioxidanzien (Vitamin E, Vitamin C, Zitronensäure).

Inhaltsstoffe (%)	
Rohprotein	43,5
Rohfett	46,1
Rohfaser	0,2
Rohasche	2,2

Feline Greenies (S&M NuTec)

Katzenleckerlis zur Zahnreinigung in verschiedenen Geschmacksrichtungen

Zusammensetzung: Hühnerfleischmehl, Weizen, Maisgluten, Haferfaserstoffe, Hühnerfett, Naturaromastoffe (Huhngeschmack), Flachsamen, Vitamine, Mineralstoffe.

Inhaltsstoffe (%)	
Rohprotein	30,3
Rohfett	13,8
Rohfaser	5,8
Feuchtigkeit	8,9
Kalzium	0,93
Phosphor	0,7

Zusatzstoffe (mg/kg)	
Vitamin E	130
Vitamin C	70
Taurin	1200

Anhang

Das kleine Zahnlexikon

Abrasion	unnatürliche Abnutzung von Zähnen an Fremdmaterial
Alveolarknochen	zahntragender Anteil des Kieferknochens
Alveole	Zahnfach
Ameloblasten	Schmelzbildner
Anodontie	völlige Zahnlosigkeit
Apex	Wurzelspitze
Apexifikation	Behandlungsmethode am unreifen avitalen Zahn mit Ziel der Schaffung eines hartgeweblichen Abschlusses ähnlich einer Wurzelspitze
Apexogenese	natürliche Bildung der Wurzelspitze eines Zahnes
apikales Delta	Vielzahl von Kanälen für den Eintritt von Blutgefäßen, Lymphgefäßen und Nerven an der Wurzelspitze
benigne	gutartig
brachydont	Zahn mit kurzer Krone und langer Wurzel mit Wurzelspitze
Brachygnathie	Unterentwicklung eines Kiefers
brachyzephal	kurzer Schädel, »Kurznasigkeit«, zum Beispiel Perserkatze
Caninus	Fangzahn, Eckzahn (Plural: Canini)
Chlorhexidin	keimtötendes Mittel, geeignet für die lokale Anwendung in der Mundhöhle
Dentin	Hauptmasse des Katzenzahnes, unterhalb des Schmelzes, umschließt die Pulpa; ist weicher als Schmelz, aber härter als Knochen; wird durchzogen von Dentinkanälchen, in denen sich die Fortsätze der Odontoblasten befinden
deziduale Zähne	Milchzähne
diphyodont	Zahnentwicklung mit zwei Generationen von Zähnen (Milchzähne und bleibende Zähne)
dolichozephal	langer Schädel, »Langnasigkeit«, zum Beispiel Siamkatze
Drahtcerclage	Drahtumschlingung
Endodont	Pulpa („Zahnnerv«)
Endodontie	Bereich der Zahnheilkunde, der sich mit der Physiologie, Diagnostik und Behandlung von Erkrankungen der Pulpa beschäftigt
Epithel	Oberflächenzellen von Haut und Schleimhäuten
Fissur	Einziehung des Schmelzes im Bereich aufeinandertreffender Zahnhöcker
Foetor ex ore	Mundgeruch
Gingiva	Zahnfleisch
Gingivahyperplasie	Vermehrung (Proliferation) von Zahnfleisch
Gingivitis	Entzündung des Zahnfleischs
Guttapercha	Wurzelfüllmaterial
heterodont	Gebiss mit verschieden geformten Zähnen
Incisivus	Schneidezahn (Plural: Incisivi)

Karnivore	Fleischfresser
Kavität	künstlich geschaffenes Loch am Zahn für das Legen einer Füllung
Kieferorthopädie	Bereich der Zahnheilkunde, der sich mit der Regulierung von Zahn- und Kieferfehlstellungen befasst
Konkremente	harte, mineralisierte, dunkle und fest haftende Auflagerungen auf der Zahnwurzel, deren Bestandteile unter anderem aus dem Blut stammen
Kürette	Handinstrument zur Reinigung der Zahnwurzel
maligne	bösartig
Mandibula	Unterkiefer
Maxilla	Oberkiefer
mesozephal	mittlerer Schädeltyp, von den Längenmaßen zwischen Langnasigkeit (Dolichozephalie) und Kurznasigkeit (Brachyzephalie)
Molaren	hintere Backenzähne
Mukogingivallinie	Übergang von Zahnfleisch auf die lockere Mundschleimhaut
Mukosa	Schleimhaut
Odontoblasten	Dentinbildner
Parodont	Zahnhalteapparat aus Zahnfleisch, Zahnhaltefasern, Wurzelzement und Alveolarknochen
parodontale Tasche	Knochentasche an der Zahnwurzel infolge Abbaus von Anteilen des Zahnhalteapparats
Parodontitis	Entzündung des Zahnhalteapparats
Parodontologie	Bereich der Zahnheilkunde, der sich mit der Physiologie, Diagnostik und Behandlung von Erkrankungen des Zahnhalteapparats beschäftigt
permanente Zähne	bleibende Zähne
Plaque	weicher Zahnbelag aus Bakterien, Speichel, Futterresten, Zellen etc.
Prämolaren	vordere Backenzähne
Prognathie	zu langer Kiefer
Pulpa	das weichgewebliche Innere des Zahnes, der »Zahnnerv«, besteht aus Bindegewebe, Gefäßen, Nerven, Zellen
Retziusstreifen	Wachstumslinien im Schmelz
Rezidiv	Wiederauftreten einer Erkrankung
Scaler	Handinstrument zur Reinigung der Zahnkrone
Schmelz	die äußerste und härteste Schicht des Zahnes, besteht vor allem aus Hydroxylapatit
Schmelzhypoplasie	Unterentwicklung oder Fehlbildung des Schmelzes; kann kleine Areale oder den gesamten Zahn betreffen; entsteht während der Bildungsphase des Zahns
Schmelzzementgrenze	Übergang vom Schmelz der Zahnkrone auf das Zement der Zahnwurzel
Sectorius	Reißzahn; im Oberkiefer der vierte Prämolar, im Unterkiefer der erste Molar
Sekodontie	Gebiss mit schneidender, zerteilender Funktion
subgingival	unterhalb des Zahnfleischsaumes liegend
supragingival	oberhalb des Zahnfleischsaumes liegend

Thekodont	Zahnverankerung in Knochenfächern (Alveolen) über Aufhängung an Parodontalfasern
Unterkiefersymphyse	fasrige Verbindung der beiden Unterkieferäste in der Mitte des Kiefers
Vestibulum oris	Mundvorhof
Vitalamputation	Behandlung aus der Endodontie zur Vitalerhaltung eines Zahnes mit Entfernung des Kronenanteils der Pulpa
Wurzelfurkation	Aufteilungsstelle eines mehrwurzeligen Zahnes in die einzelnen Wurzeln
Wurzelkanal	Lumen der Zahnwurzel, von der Pulpa ausgefüllt
Wurzelzement	knochenähnliche Bedeckung der Zahnwurzel; im Wurzelzement sind die Zahnhaltefasern verankert
Zahnfraktur	Bruch eines Zahnes
Zahnretention	ausbleibender Durchbruch eines Zahnes
Zahnstein	harte, mineralisierte Zahnbeläge mit Mineralisationskeimen aus dem Speichel
Zahnsulkus	natürliche Vertiefung zwischen Zahnkrone und Zahnfleisch am Zahnhals; beträgt bei der Katze 0,5–1 Millimeter
Zyste	flüssigkeitsgefüllter Hohlraum im Gewebe mit epithelialer Auskleidung

Stichwortverzeichnis

Impressum

Bibliografische Information
der Deutschen Nationalbibliothek

Die Deutsche Nationalbibliothek verzeichnet diese Publikation in der Deutschen Nationalbibliografie; detaillierte bibliografische Daten sind im Internet über http://dnb.d-nb.de abrufbar.

Programmplanung: Carmen Alt

Projektmanagement: Dr. Leonie Löffler

Redaktion: Stephan Lamerz

Umschlaggestaltung und Layout:
CYCLUS Visuelle Kommunikation

Bildnachweis:
Umschlagfoto: Getty Images
Fotos im Innenteil S. 27 und 98:
Sylvia und René Hodel, Leuggern, Schweiz
www.egyptan-mau.net
Restliche Fotos im Innenteil:
Dr. Markus Eickhoff, Weissach

Oswald-Hesse-Straße 50, 70469 Stuttgart
Internet: www.parey.de

Printed in Germany

Satz: Fotosatz Buck, Kumhausen
gesetzt in: InDesign CS3
Druck: AZ Druck und Datentechnik GmbH,
87437 Kempten

Gedruckt auf chlorfrei gebleichtem Papier

ISBN 978-3-8304-4194-6 1 2 3 4 5 6